AF307271

L'urbanisme du bien-être

Mieux vivre dans ma ville

©2023. EDICO
Édition : JDH Éditions
77600 Bussy-Saint-Georges. France
Imprimé par BoD – Books on Demand, Norderstedt, Allemagne

Réalisation et conception couverture : Cynthia Skorupa

ISBN : 978-2-38127-323-5
Dépôt légal : avril 2023

Sondes Ben Abdallah

L'urbanisme du bien-être

Mieux vivre dans ma ville

JDH Éditions

Les Pros de l'Immo

PRÉAMBULE

« La santé est un état de complet bien-être physique, mental et social, et ne consiste pas seulement en une absence de maladie ou d'infirmité[1]. » (OMS, 2010.)

Cette définition de la santé selon l'OMS nous mène à penser que pour avoir une bonne santé, il faut atteindre le bien-être dans toutes ses dimensions avec notamment l'épanouissement moral dans tout ce que l'on ressent, et l'épanouissement social qui a comme terrain d'exercice l'espace urbain ou l'espace public (la ville).
La valorisation des besoins humains du côté de la qualité émotionnelle est une entreprise assez récente. Elle consiste, entre autres, à s'intéresser à l'aspect du lieu de vie en tant que support privilégié pour que l'esprit humain atteigne une certaine satisfaction.

Cette nouvelle perspective touche la pratique urbaine des citoyens en tant que lieu ou théâtre d'expression du bien-être social. À travers la relation établie entre les citoyens et l'espace public dans lequel ils évoluent, nous arrivons à comprendre les incidences de la définition (matérielle) des lieux urbains sur le bien-être.
L'objet d'étude de ce mémoire est principalement le bien-être dans l'espace urbain à travers la mesure du phénomène de la relation des usagers avec ce dernier. Cette étude nous amènera à voir et à questionner la ville autrement, notamment par le biais des sentiments et des sens. Nous pouvons poser une question substantielle parmi plusieurs interrogations qui s'installent.

---

[1] Préambule à la Constitution de l'organisme mondial de la santé (OMS), New York, 19-22 juin 1946.

Comment intervenir sur l'espace urbain pour qu'il facilite et autorise son appropriation et devienne ainsi un vecteur fort pour l'installation du « bien-être urbain » ?

Pendant ces dernières années et à l'échelle internationale, plusieurs études prouvent que le bien-être social commence à être un critère primordial de la conception urbaine et architecturale. Ce critère est associé à l'appellation : « la ville santé ».

Le concept de « la ville santé » se marque comme un label pour chaque ville qui le prend en considération. Ce concept a comme principal critère d'évaluation la notion de santé citoyenne et la qualité du ressenti relativement aux différents aspects perceptibles et praticables de l'espace urbain.

Le bien-être social peut être appréhendé à travers la relecture de la relation « citoyens et espace urbain ». La relecture de la manière dont les citoyens exploitent, voient et même habitent l'espace public ; comment ils arrivent à exprimer leur bien-être dans l'espace urbain à travers leurs propres pratiques.

En arrivant à l'échelle de notre territoire tunisien, nous n'avons pas encore d'études qui prennent en charge le bien-être social en tant que facteur ou vecteur pour penser les projets architecturaux et urbanistiques et qui requalifient la relation entre l'usager et l'espace public, en dehors de quelques expériences spontanées de citoyens dans le but d'améliorer leur lieu de vie.

Pour questionner, expérimenter et mesurer ce nouveau critère, ses formes et ses pratiques, nous avons choisi de travailler à La Marsa plage comme site d'intervention. Ce lieu urbain présente des atouts architecturaux, urbains et surtout d'ambiance, qui, malgré leur richesse intrinsèque indéniable, n'arrivent pas à fournir la dimension recherchée. Grâce à leur richesse, leur manipulation est plus aisée. Elle est potentiellement favorable pour pouvoir y embrayer les critères d'une « ville santé » et par là devenir une référence, un exemple à suivre pour beaucoup d'autres villes du pays.

La problématique de notre mémoire pourrait donc se résumer comme suit :

I.   Quels sont les leviers conceptuels et pratiques qui sont en jeu pour aborder et manipuler la question du bien-être dans l'espace urbain et donc l'amélioration du vécu des citoyens dans la pratique de leur ville ?

II.   Comment aborder concrètement la compréhension d'une ville, en l'occurrence La Marsa plage, afin d'y déceler les outils pratiques qui permettront d'y appliquer de façon efficace les formes urbaines cohérentes avec les critères de la ville santé ?

La méthodologie du travail

La méthodologie que nous présentons ici relate les principaux outils avec lesquels nous avons abordé notre travail de recherche en vue de répondre aux questionnements posés dans la problématique. L'embrayage de ces différents outils suit globalement l'ordre chronologique de leur exploitation, mais cet ordonnancement n'est pas strict. De nombreux allers-retours nous ont été nécessaires pour affiner l'ensemble de nos recherches et de nos réflexions.

Le brainstorming

C'était le premier pas pour cerner l'idée maîtresse posée. Le brainstorming est une sorte de processus qui permet de faire jaillir un foisonnement de notions, d'idées, parfois de seuls mots qui ont une relation plus ou moins étroite avec le sujet. C'est une manière de faire fructifier et de clarifier sa pensée.

Image 1 : Brain storming, source Pinterest

La définition des notions

Le thème de ce mémoire a besoin d'avoir un socle solide de définitions de notions de base pour permettre à l'intellect d'évoluer de façon rigoureuse au sein d'une connaissance déjà établie, et ainsi de pouvoir évoluer entre des repères clairement établis dans sa propre production pour atteindre les objectifs fixés.

Image 2 : définition des notion, source Pinterest

La lecture

C'est une manière avec laquelle de nouveaux concepts et des idées innovantes apparaissent dans l'objectif d'enrichir la conception et mieux consolider la pensée générale. La lecture est une opportunité pour fleurir le sujet à établir.

Image 3 : La lecture, source Pinterest

L'analyse objective et sensible

Le thème de ce mémoire se doit d'avoir, par nécessité, deux types d'analyse : la première est celle des données objectives pour comprendre rationnellement le site avec tous les intervenants dedans ; la deuxième est celle de l'aspect sensible chez les usagers quel que soit leur profil dans le site d'intervention. Cette deuxième analyse peut être considérée comme la colonne vertébrale de mon travail.

Image 4 : L'analyse objective et sensible, source Pinterest

Le structuralisme

C'est un courant de pensée que nous trouvons le plus adéquat à la logique du travail fourni dans ce mémoire, c'est la théorie inspirante pour la réflexion et même la conception du projet urbain et architectural.

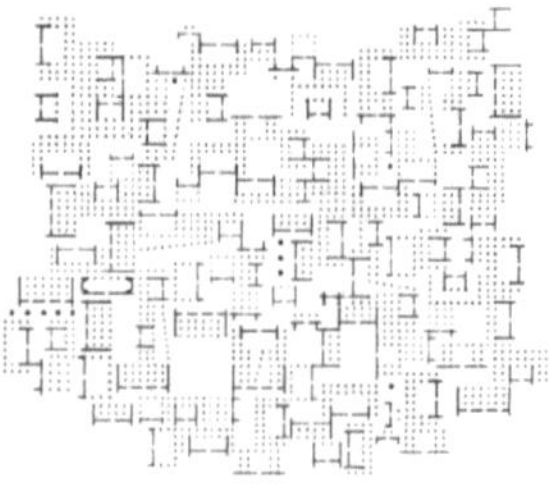

Image 5 : Le structuralisme, source Google

Les pas

L'idée des « pas » relève de la méthode, ou plutôt de la logique avec laquelle j'ai choisi d'organiser et de présenter notre mémoire. Elle est cohérente avec l'ensemble de ma proposition. Elle s'articule avec l'idée de la promenade, de la découverte, du temps de l'appréciation des choses, qu'elles soient écrites ou paysagères.

Image 6 : Les pas, source Pinterest

Il y aura 4 pas à la place des chapitres : **Révéler**,
S'interroger, **Invoquer** et **Proposer**.
Chaque pas délivre une partie bien déterminée du mémoire, conduisant vers un aboutissement précis.
Le premier « pas » : Révéler. Il consiste à faire une
collecte des définitions, des notions fondamentales, et
faire des connexions à partir des mots clés, qu'elles
soient des connexions logiques ou pas, faire une gym-
nastique intellectuelle en manipulant ces notions dans
le développement de la réflexion.

Le deuxième « pas » : S'interroger. Ce pas consiste-
ra en une phase analytique et schématique développée
en deux parties :

– La partie objective correspondra à l'analyse des
données du site d'intervention en se référant aux informations qui sont en connexion logique avec le propos
de ce mémoire.

– La partie sensible de l'analyse sera purement subjective. Elle se basera sur des techniques d'investigations
in situ. Elle commencera par le parcours commenté qui
peut être considéré comme une approche participative.
Cette approche sera l'un des moments-clés de notre travail.

En effet, le parcours commenté permettra de collecter
tout au long du parcours, chez des usagers de différents
profils, une somme de constatations, d'observations, de
ressentis révélés et relevés sur le site de notre intervention. Dans cette même optique, nous aurons recours
à un questionnaire dans le but de mieux cerner nos
objectifs et d'ouvrir nos perspectives. Cette partie sera
augmentée par « mes observations » personnelles, subjectives, que je considère être, vu la spécificité du sujet,
un vecteur primordial.

Le troisième « pas » : Invoquer. C'est le « pas » où le travail référentiel est mis en évidence. Ce travail sera élaboré à travers une lecture analytique de projets urbains et architecturaux présentant des similarités avec les objectifs de notre projet. Il intègrera également des lectures analytiques d'articles, de livres, de documentaires dans des domaines variés : théorie, histoire, architecture, urbanisme, santé...

Le quatrième « pas » : Proposer. Il est l'aboutissement du parcours de notre travail. Il s'agira du volet conceptuel. Il maintiendra sous forme architecturale et urbaine l'ensemble des concepts que nous aurons définis, synthétisés et élaborés au fil du chemin. Il montrera la démarche conceptuelle architecturale que nous avons suivie pour articuler la réponse spatiale à l'ensemble des problématiques posées dans notre mémoire.

PREMIÈRE PARTIE

Chapitre 1

Tout d'abord, quelles sont les notions fondamentales ?

Comme un premier pas vers la compréhension des notions fondamentales, nous avons essayé de décortiquer chaque notion (contenue dans un mot-clé) afin d'en extraire le sens souhaité.

Ce pas est composé de trois parties. Chaque partie consiste en la définition d'une notion, accompagnée de son étymologie. Le recours à l'étymologie nous permettra de sonder l'étendue signifiante d'un mot depuis son origine tout en pistant les variations qu'il a pu prendre. Ces variations, ses divergences de sens, nous permettront d'enrichir et de préciser la définition des concepts que nous utiliserons.

Le croisement de ces deux éclairages nous permettra de définir précisément la compréhension recherchée sous-jacente à chacune des notions.

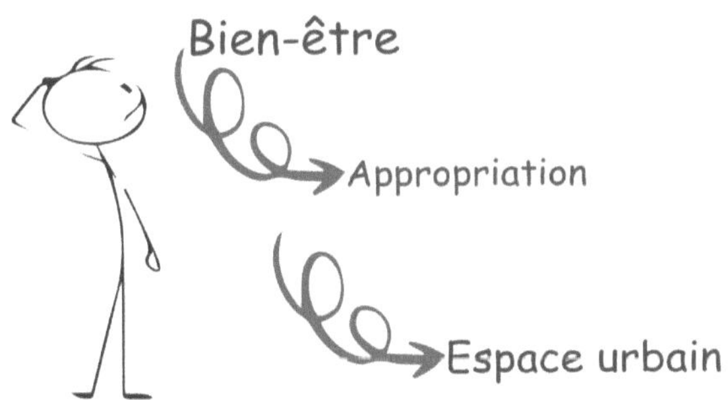

Schéma 1 : les notions de base, illustration personnelle

1.1.   Entre le bien et l'être : le « bien-être »

« Bien » :

Le premier mot est le « **Bien** », c'est la première composante du mot « bien-être ».

Il nous était donc nécessaire d'appréhender sa définition exacte afin de clarifier notre cheminement vers la compréhension de cette notion de base de ce travail.

La définition du **Bien** est la suivante : « Ce qui favorise l'équilibre, l'épanouissement d'un individu, d'une collectivité ou d'une entreprise humaine (à tous points de vue).

Du point de vue étymologique, « **Bien** » recouvre deux définitions : « ce qui est juste, qui représente une valeur morale » et « ce qui est susceptible d'appropriation ».

En parcourant l'origine du sens du « **Bien** », il apparaît clairement que cette notion contient simultanément deux champs signifiants : celui « du bien » comme valeur morale et celui « d'un bien » comme propriété.

Le « **Bien** » est donc l'épanouissement. C'est un sentiment parmi d'autres qui existent dans la vie des individus et des collectivités. Il est entre autres un facteur d'équilibre sentimental

La notion de « **Bien** » marque donc un lien étroit entre la morale et la propriété, donc l'appropriation. Comme si le mouvement de l'appropriation (qui contient également la notion de propreté) autorisait la légitimité d'être « bien » (ici au sens moral et sentimental) dans ce qui est approprié. S'approprier une idée, c'est être « bien », à l'aise, avec elle. S'approprier un paysage, un domaine, un espace, c'est y trouver ses repères, son confort, sa légitimité d'y être.

Pour conclure, le bien serait donc l'épanouissement de l'homme par le fait même de l'appropriation des choses matérielles ou immatérielles, donc des espaces aussi.

« Être » :
Face à une multitude de sens possibles, nous avons choisi les définitions et les éclairages étymologiques qui nous ont paru les plus adéquats à notre sujet pour mieux cerner le sens de l'**Être** recherché.

Les définitions d'Être :
« L'existence en général. Vivre une vie pleinement humaine ; Le bonheur d'être. Ce qui existe, conçu sous la forme la plus abstraite. L'être (par opposé au non-être) ; l'être et le devenir ; le sentiment de l'être ; accéder à l'être. Se trouver en un lieu[1]. »

Pour « **Être** », l'étymologie est : « Ce qui donne des indications sur l'état, la situation, la localisation ou toutes circonstances caractérisant l'état ou l'existence du sujet ; apparence ; entité douée de vie ; individualité vivante ; existence ; vie ; présenter ; avoir la qualité de ; avoir vécu ; sa manière d'être[2]. »

Être c'est exister, mais aussi, de façon sous-entendue, c'est le sentiment d'être bien, le bonheur d'être vivant. C'est Être bien avec soi-même, avec autrui ou lorsqu'on se trouve dans un espace, un lieu bien déterminé

Être, c'est l'acte de vivre, c'est l'entité qui l'acte. Ça invite aussi à qualifier la nature de l'état dans lequel cette entité se trouve (être bien, mal, riche.). Être invite éga-

---

[1] TLFi, cnrtl.fr portail, 2005.
[2] TLFi, cnrtl.fr/etymologie, 2005.

lement à déterminer le lieu physique de la présence du sujet.

Être marque donc la présence de soi dans un espace (être quelque part), mais aussi, d'une façon plus philosophique, « être » signifie être au monde, vivre, être détenteur (propriétaire) de la vie. Être, c'est exister et sentir objectivement son existence dans l'espace, être présent physiquement, mais aussi ressentir, par le biais de ses émotions et de ses sens, sa présence dans l'espace, donc son appropriation subjective de l'espace.
Être bien dans un espace où l'on existe sous-entend l'appropriation du lieu. Le fait d'accéder à son propre Être, et par là d'être « bien » dans un espace suppose que l'on se l'approprie matériellement ou immatériellement à travers ses sens et ses sentiments.

Le « Bien-être » :
Le schéma suivant récapitule les synonymes et les antonymes du **Bien-être** qui a comme base initiale les deux termes « Bien » et « Être ».

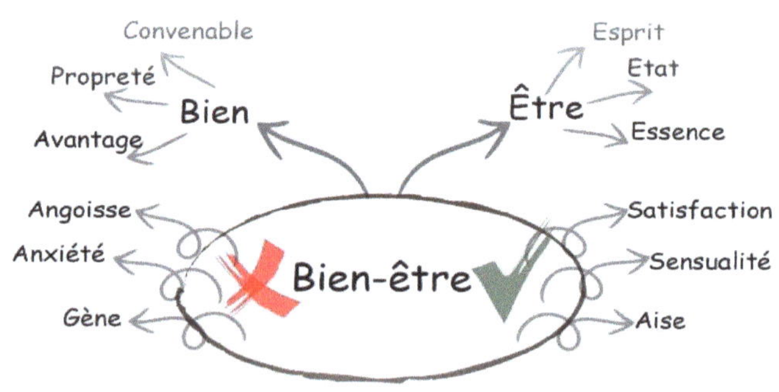

Schéma 2 : Le Bien-être ses termes de base,
illustration personnelle

Pour conclure, voici la définition du « **Bien-être** » qui me paraît la plus appropriée pour conduire mon travail : « Sentiment général d'agrément, d'épanouissement que procure la pleine satisfaction des besoins du corps et/ou de l'esprit[1]. »

La notion du **Bien-être** est définie comme un état ou un sentiment qui mène à un équilibre des besoins humains des côtés matériels et immatériels. Ce dernier côté prend en considération l'aspect spirituel et émotionnel chez l'humain.
L'état du bien-être peut être fourni par la propriété d'un objet, ou lorsqu'existe, entre l'espace et le « bien-être », des vecteurs et des dimensions qui tendent l'existence de l'un par les relations entreprises avec l'autre.

1.2. S'approprier et l'appropriation

Pour cette deuxième notion, nous nous baserons uniquement sur les définitions des termes.

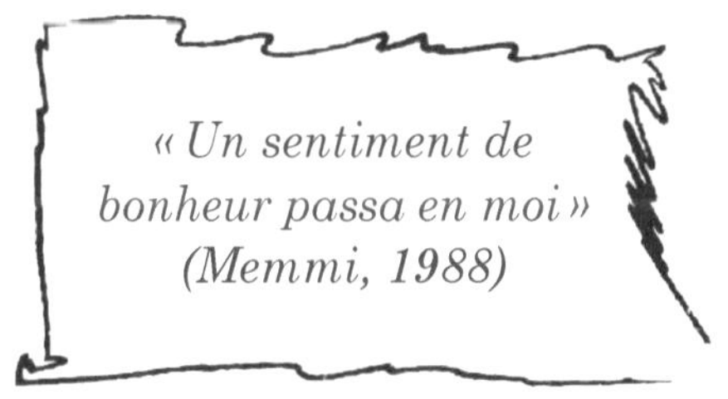

« S'approprier » :
« Devenir propre à, s'adapter à, s'attribuer quelque chose. Attribuer quelque chose à soi-même, la faire sienne[2]. »

---

[1] TLFi, cnrtl.fr portail, 2005.
[2] TLFi, cnrtl.fr portail, 2005.

Cette définition invite à cerner la deuxième notion de base qui est l'appropriation.

« Appropriation » :
Avant d'entrer dans la définition et de promouvoir sa compréhension, examinons les synonymes et antonymes des termes indiqués ci-dessous :

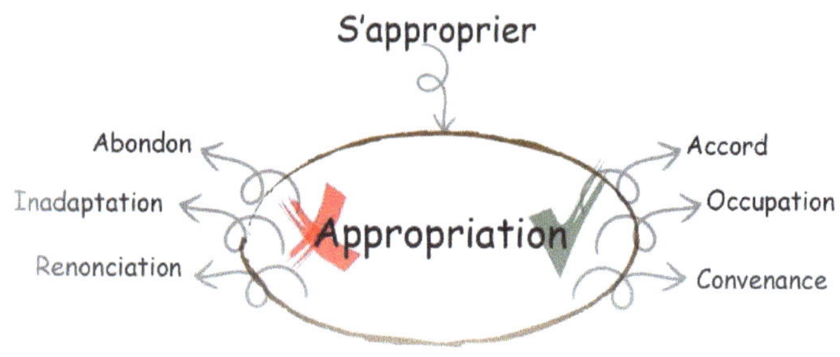

Schéma 3 : S'approprier, Appropriation, illustration personnelle

L'appropriation se définit comme étant :
« L'action d'adapter quelque chose à un usage déterminé. Action de rendre propre[1] »
« Action d'approprier, d'adapter quelque chose à une destination précise[2]. »

L'Appropriation est donc une action, un fait, pour rendre un objet ou un espace propre à quelqu'un. Elle est aussi l'attribution des biens qui sont entre autres des biens matériels et immatériels dans l'espace où on existe. Cette action peut-elle fournir le sentiment de bien-être lorsqu'on peut sentir l'objet qu'on a ou l'espace où on est ?

[1] TLFi, cnrtl.fr portail, 2005.
[2] TLFi, cnrtl.fr portail, 2005.

1.3. L'espace et l'urbain/l'espace urbain, l'espace public

Comme les notions précédentes, l'espace urbain (public) est une notion qui doit être définie. Nous suivrons donc la démarche qui la décompose en termes de base, en cherchant bien sur les définitions et l'étymologie de chacun de ces termes.

« Espace » :
Le mot « **Espace** » fait partie de la troisième notion de base de ce travail. Ce mot possède de nombreuses définitions qui interpellent plusieurs disciplines différentes.

La définition de l'<u>Espace</u>
« Milieu idéal indéfini, dans lequel se situe l'ensemble de nos perceptions et qui contient tous les objets existants ou concevables (philosophique/sociologique)[1]. »

L'étymologie de l'<u>Espace</u>
« Étendue, dimension (d'un lieu), intervalle, distance entre deux points, largeur, durée[2]. »

---

[1] TLFi, cnrtl.fr portail, 2005.
[2] TLFi, cnrtl.fr/etymologie, 2005.

L'Espace est donc le milieu ou l'intervalle où on se trouve avec ses perceptions qui balayent aussi bien le domaine objectif du tangible que celui de l'intangible subjectif.

« Urbain » :

En projetant les définitions de l'espace sur celle de l'**Urbain**, nous pourrons mieux cerner le sens précis de la notion d'espace telle qu'elle nous permettra d'évoluer dans notre travail.

Les définitions de l'Urbain

« De la ville ; qui est relatif, qui appartient à la ville, aux villes. Chauffage, éclairage, habitat urbain ; pollution, voirie, zone urbaine ; civilisation, planification, sociologie urbaine ; transports urbains ; agglomérations, populations urbaines[1]. »

L'étymologie de l'Urbain

« Qui est de la ville, qui concerne la ville, de la ville, urbain, habitant de la ville, citadin ; poli, de bon ton, plein d'urbanité ; spirituel, fin[2]. »

L'Urbain est tout ce qui appartient à la ville du côté matériel, comme l'infrastructure, l'éclairage, mais aussi la pollution et les nuisances diverses, et du côté immatériel, voire spirituel, en considérant la ville avec son esprit, son « âme », son histoire, ses histoires, comme une somme de « réalités » subjectives et affectives appartenant (appropriables) à la mémoire collective de ses habitants.

---

[1] TLFi, cnrtl.fr portail, 2005.
[2] TLFi, cnrtl.fr/etymologie, 2005.

« L'Espace urbain, public » :

La recherche des définitions composantes de l'espace urbain nous a aidés à définir « **l'Espace urbain** » :

« Un milieu relatif à la ville qui contient l'ensemble des perceptions et des besoins de la population urbaine, qui a une relation étroite avec leur bien-être et qui influence leur vécu en ce milieu. »

La définition de « **l'Espace urbain** » est très étendue, donc pour mieux se rapprocher du propos de ce mémoire, il nous faut aussi définir **l'Espace public** :

« L'espace public est un lieu de rencontre, un lieu d'accueil des expressions collectives. Cela signifie des opportunités de lien social, de bien-être, mais également de mal-être (conflits d'usages, pollutions sonores et visuelles), d'où la nécessaire articulation des différents besoins selon les publics et une réflexion sur les composantes spatiales, temporelles et sensorielles[1]. »

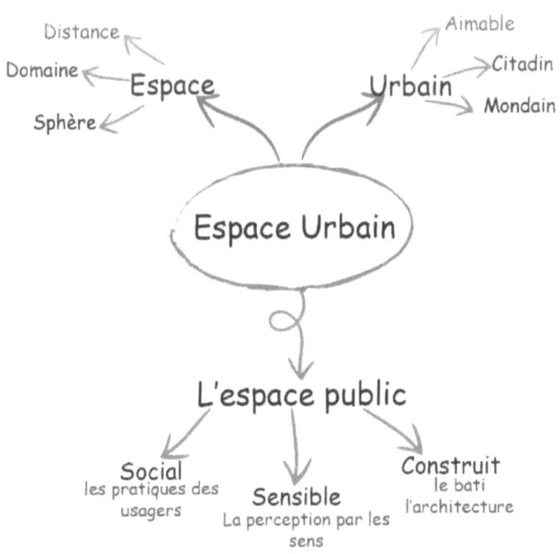

Schéma 4 : L'espace urbain, l'espace public, illustration personnelle

---

[1] IAU, 2019.

La conclusion est faite par cette définition qui cerne les dimensions de **l'Espace public** et sa relation avec le bien-être et le mal-être des usagers. Elle pose aussi l'importance des liens sociaux et sensoriels dans l'espace, matériellement et immatériellement.

« J'étais pris de malaise. Rapidement, il me fallait retrouver l'espace ouvert » *(Memmi, 1988)*

Chapitre 2

Des composantes, des dimensions...

Expliquons mieux les notions principales en fonction de certaines de leurs composantes actives qui seront alors considérées comme des vecteurs, des facteurs ou des dimensions. L'intérêt de cette détermination de composantes est de permettre d'envisager et de définir leur interrelation ainsi que leur relation avec l'espace urbain.

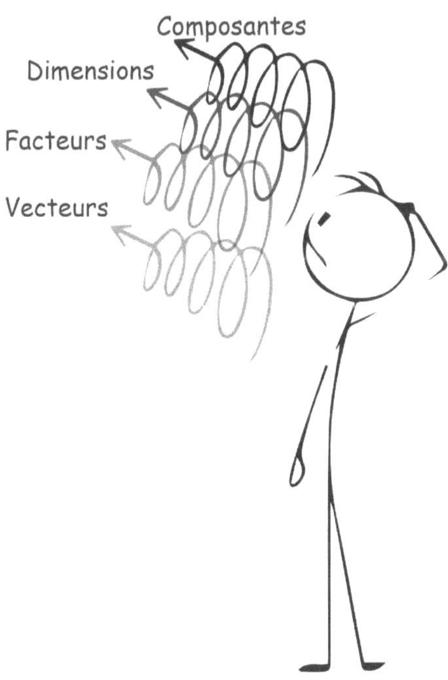

Schéma 5 : Des composantes, des dimensions, illustration personnelle

2.1. Le bien-être... Quelles composantes, quels facteurs, quels vecteurs ?

Quelles composantes ?

Le Bien-être est une notion composée de trois parties nécessaires :

Le Bien-être pour l'OMS : « La santé est un état de complet bien-être physique, mental et social et ne consiste pas seulement en une absence de maladie ou d'infirmité. Le bien-être n'en reste pas moins une qualité difficilement mesurable. C'est avant tout un état, une humeur, une disposition agréable, qui participe au développement d'un individu ou d'une société[1]. »

Mental : on définit la santé mentale comme un état de bien-être qui permet à chacun de réaliser son potentiel, de faire face aux difficultés normales de la vie, de travailler avec succès et de manière productive et d'être en mesure d'apporter une contribution à la communauté.

Corporel : capacité à interagir et évoluer, sans gênes physiques majeures avec son cadre de vie.

Social : selon l'OMS, le bien-être social englobe les choses qui incident de manière positive sur la qualité de vie : un emploi digne, des ressources économiques pour satisfaire les besoins, l'accès à l'éducation et à la santé, du temps pour les loisirs, etc.

Bien que la notion de bien-être soit subjective (ce qui est bon pour une personne peut ne pas l'être pour une autre), le bien-être social est associé à des facteurs économiques objectifs.

---

[1] AIA, 2016.

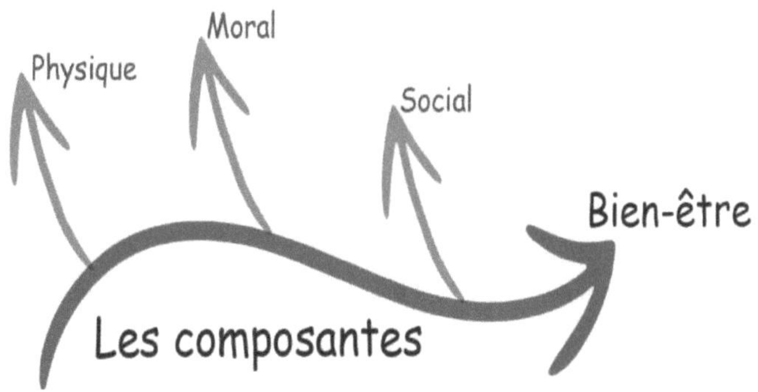

*Schéma 6 : les composantes du bien-être,
illustration personnelle*

Quels facteurs ?

Ce sont les facteurs de crise qui favorisent le mal-être chez les usagers dans l'espace urbain. Il faut les déterminer pour diminuer leurs impacts néfastes, avoir les solutions et rendre l'espace urbain un facteur de bien-être.

Ces facteurs se résument dans le schéma suivant :

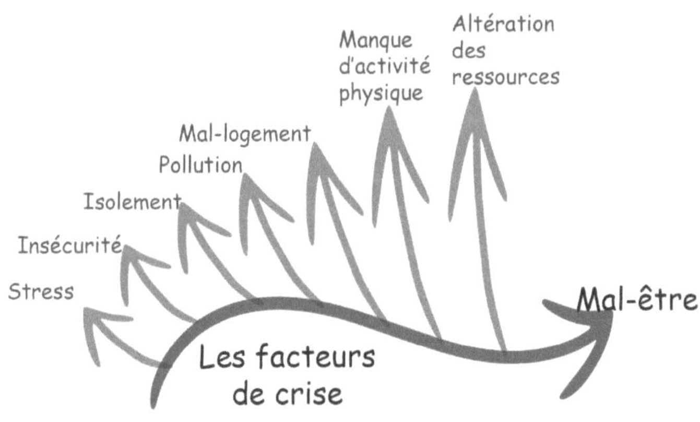

*Schéma 7 : Les facteurs de crise du mal-être,
illustration personnelle*

Quels vecteurs ?

Les vecteurs de bien-être sont les axes qui favorisent son évolution positive qui se résument dans les 6 vecteurs suivants :

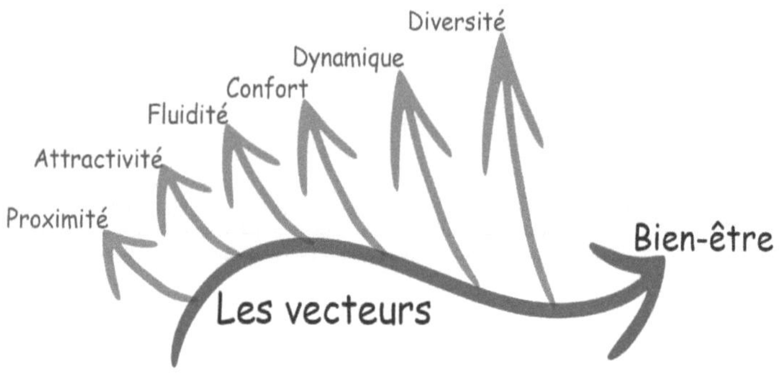

Schéma 8 : Les vecteurs du bien-être,
illustration personnelle

2.2 L'appropriation... Quelles dimensions, quels facteurs ?

Quelles dimensions ?

Trois critères qui font d'un lieu un espace potentiellement appropriable. Tout espace ne comportant aucun de ces trois critères sera considéré comme non-lieu.
Ces critères sont :

– **La dimension identitaire**, soit la possibilité, offerte par le lieu, d'échanges constants entre un individu ou un groupe et l'espace d'exercice de son être, formateurs de leur identité respective.

– **La dimension relationnelle**, soit la possibilité, offerte par le lieu, de rencontre et d'échanges entre individus (caractéristique de l'espace public).

– **La dimension historique**, soit l'inscription dans le temps d'une appartenance au lieu.

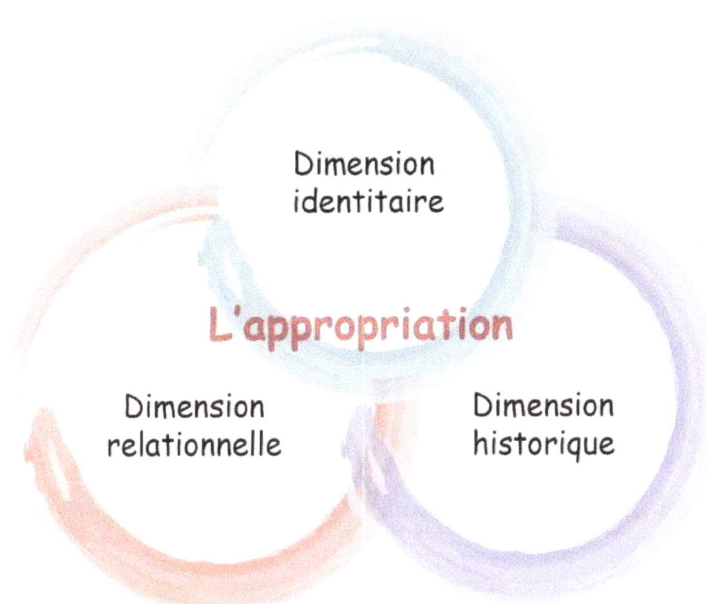

Schéma 9 : Les dimensions de l'appropriation,
illustration personnelle

Parmi ces dimensions, la dimension historique a pris plus d'ampleur dans plusieurs recherches sociologiques vu son lien avec la mémoire collective d'une société déterminée.

« Il ne s'agit pas de se souvenir mais de se retrouver avec un "nous", un groupe social situé dans l'espace et dans le temps... Ce "nous" tire son essence et sa substance du lieu dans lequel il campe. Notre existence est liée à des espaces définis, délimités. La mémoire collective a ses repères, ses espaces d'élection et elle ne peut s'en passer. Le passé a des traces visibles pour la mémoire[1]. »

---

[1] *La ville mémoire : contribution à une sociologie du vécu,* Bouchrara, 1994.

Quels facteurs ?

Comme le Bien-être, l'appropriation de l'espace est soumise à des facteurs qui sont les moteurs de l'appropriation collective :

Le facteur social est un facteur primordial et indispensable de l'appropriation. L'extrait suivant explique cette importance :

« L'espace deviendra un acquis pour notre discipline (la sociologie) à partir du moment où il sera un moyen pour mesurer le changement social à un degré élaboré de la recherche qui permet de saisir les formes de mutations que connaît une société donnée[1]. »

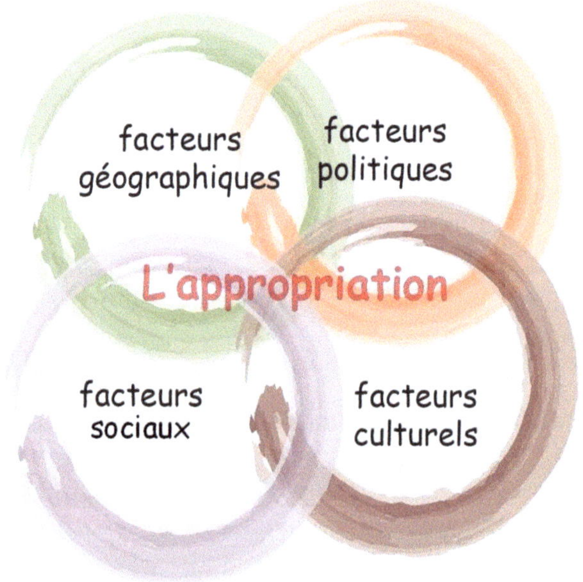

*Schéma 10 : Les facteurs de l'appropriation,
illustration personnelle*

---

[1] *La ville mémoire : contribution à une sociologie du vécu*, Bouchrara, 1994.

Chapitre 3

Quelles relations entre le bien-être, l'appropriation et l'espace urbain/public ?

Pour cette étape, nous avons mis en exergue les relations entre les notions principales, et leurs termes de bases, le bien-être et l'appropriation et l'espace urbain/public, sont les piliers de ce travail. Les liaisons entre eux sont la logique de développement qui va nourrir en premier lieu notre réflexion.

Schéma 11 : Les relations entre les notions principales, illustration personnelle

La première relation : Le Bien-être et l'Appropriation
Une relation synallagmatique est établie entre le Bien-être et l'Appropriation, puisque l'**appropriation** est une affaire d'usage et de **bien-être**, et le **bien-être** dans un espace est la caractéristique d'une **appropriation** réelle.

Cette relation est confirmée par les définitions et les recherches dans les origines des termes où nous avons constaté qu'il y a une liaison entre le bien-être et l'appropriation.

Ces deux notions s'accomplissent l'une dans l'autre, et ce dans plusieurs contextes, notamment celui de l'espace où cette relation peut être plus logique et compréhensible (perceptible).

Schéma 12 : La relation synallagmatique, illustration personnelle

La deuxième relation : l'Être et l'Espace
Cette relation entre l'Être et l'Espace a été le sujet de plusieurs études comme la suivante :

« *L'espace n'est pas une notion vide, abstraite, extérieure à nous, mais bien au contraire, l'espace est une matière que nous situons par nos mouvements, nos trajectoires, il appartient à une réalité immédiate. Et c'est dans cette réalité immédiate que l'espace fusionne dans le corps et le corps dans l'espace : deux réalités indivisibles et indissociables pour nous[1].* »

---

[1] *La ville mémoire : contribution à une sociologie du vécu*, Bouchrara, 1994.

Nous revenons pour insister sur l'importance de cette relation par le récit suivant :

« *Toucher à l'espace physique et architectural d'une société donnée, c'est toucher à son être le plus profond[1].* »*

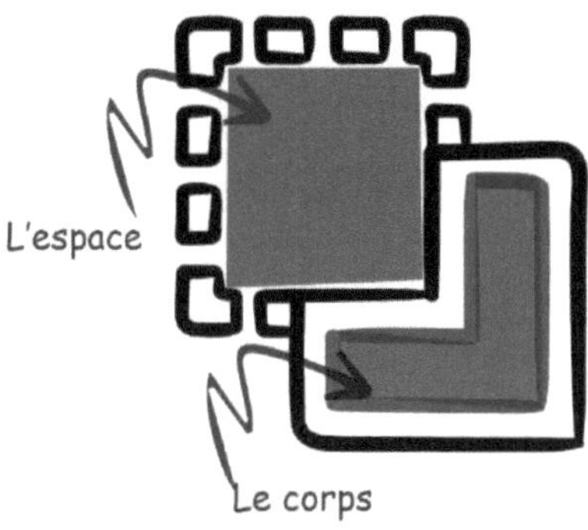

*Schéma 13 : la relation de fusion corps et espace,
illustration personnelle*

La troisième relation : L'Appropriation et l'Espace urbain

L'extrait suivant mentionne le lien entre les formes de la ville ou de l'espace urbain et l'appropriation et le rapport avec la vie collective et sociale.

« *Le marché, la place forte, une juridiction propre et des lois moins partiellement autonomes, une forme d'association spécifique, une administration indépendante par des autorités à l'élection desquelles participent les habitants de la cité... Toutes ces formes de manifestations qui sont des revendications ayant trait à l'**appropriation***

---

[1] *La ville mémoire : contribution à une sociologie du vécu*, Bouchrara, 1994.

*collective de **l'espace urbain** (préurbain) autorisent à s'interroger sur la vie collective en milieu urbain qui est en mesure d'atteindre les structures fondamentales de la société et entraîner des mouvements profonds[1]. »*

« *Dans la réalité concrète du monde d'aujourd'hui, les lieux et les espaces, les lieux et les non-lieux s'enchevêtrent, s'interpénètrent* » *(Augé, 1992)*

---

[1] *La ville mémoire : contribution à une sociologie du vécu, Bouchrara, 1994.*

Chapitre 4

Synthèse

L'interrelation entre les notions de base peut mener à revaloriser l'espace public à travers l'implication de l'être dans l'espace relativement à son mode de penser, son mode de vie et surtout son mode d'habiter.
Il s'agirait, en quelque sorte, de penser l'espace urbain comme une deuxième peau, pour permettre d'inscrire la corporalité dans l'espace afin d'atteindre l'appropriation collective et sensorielle, et garantir le bien-être dans l'espace urbain.

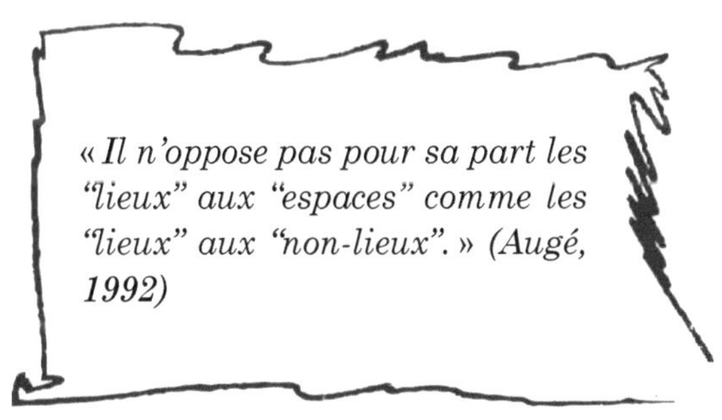

DEUXIÈME PARTIE

Chapitre 1

Qu'avons-nous comme données pour une analyse urbaine objective ?

L'analyse est basée sur la collecte de données purement objectives, mais elle est utile pour le sujet proposé.

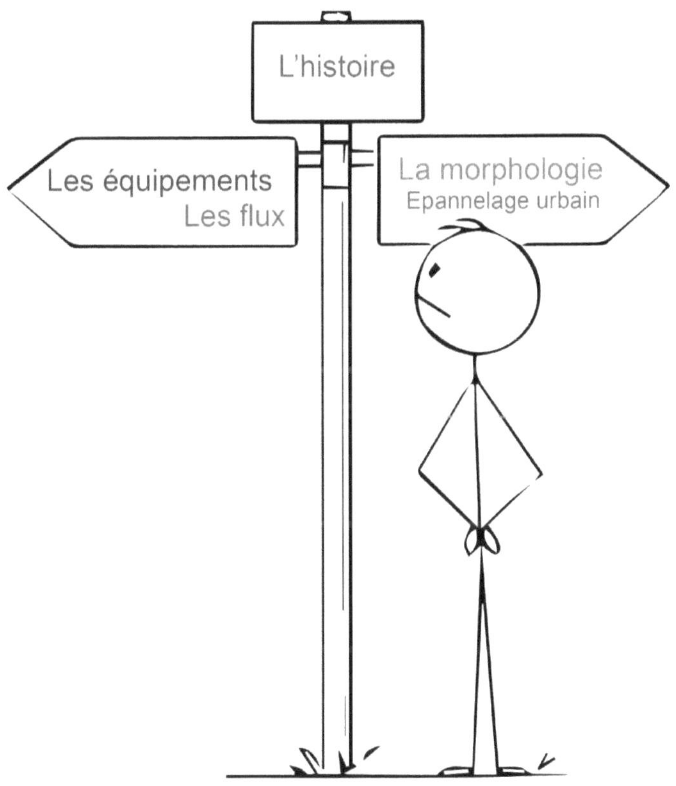

Schéma 14 : Les données objectives, illustration personnelle

La Marsa plage: La postion, l'histoire...

La position géographique

La Marsa plage ou la cité des juges est une partie de La Marsa qui est une ville tunisienne située à 18 kilomètres au nord-est de Tunis.

L'histoire

La Marsa , Vue d'ensemble

La Marsa plage, la mer les bangalots

L'histoire de la ville remonte à l'époque punique où son premier noyau appartient au quartier de Mégara, faubourg de la cité punique de Carthage. L'ancienne Megara est alors devenue un lieu militaire avec les Aghlabides, un lieu de divertissement avec lesHafsides et une résidence et un pouvoir partagés avec les Husseinites.

La Marsa plage ,descente vers terrain Sherif

La Marsa plage est sans doute riche par son histoire, son architecture, ses monuments, ses personnages...

Climat

Le climat, couplé au paysage de falaises rocheuses, de forêts de pins et d'orangers, en a rapidement fait un endroit populaire pour suivre les VIP, les érudits, les bourgeoisies et les artistes de la famille dirigeante.

La Marsa plage ,La résidence

La Marsa plage, SafSaf

Le transport

La Marsa plage ,La gare TGM

Terminus La Marsa plage TGM
La ville est reliée à la capitale par TGM, une ligne de chemin de fer de banlieue qui dessert également Sidi Bou Saïd, Carthage et La Goulette. Le terminal de la ligne est célèbre pour son architecture coloniale et des milliers de touristes passent chaque jour3.

Culture

La Marsa, ancien souk façade de mosquée Ahmadi , safsaf

La Marsa (La Marsa) possède d galeries d'art (comme Mille Feui ou Saf Saf), des cinémas et des bibliothèques publiques, des étudiants et des candidats au ba calauréat fréquentent souvent c endroit, sur le plan religieux, il a a été construit en 1927 La synagogue de Keren Yéchoua et en la mosquée et la mosquée Al Ahmadi continuent à adorer.

les points nostalgiques

La Marsa Plage cache une histoire derrière cette série d'images datent entre (1900-1960), qui contient les coutumes de chaque emplacement entre le boulevard, El Hafsi , safsaf et la station TGM quelle nostal-

La Marsa plage, Hotel Zéphy

La Marsa plage ,Boulevard du fond de mer nakhil

La Marsa plage, café restaurant El'Hafsi

La Marsa plage,Kobbet Lahwa

Typologie et Epannelage

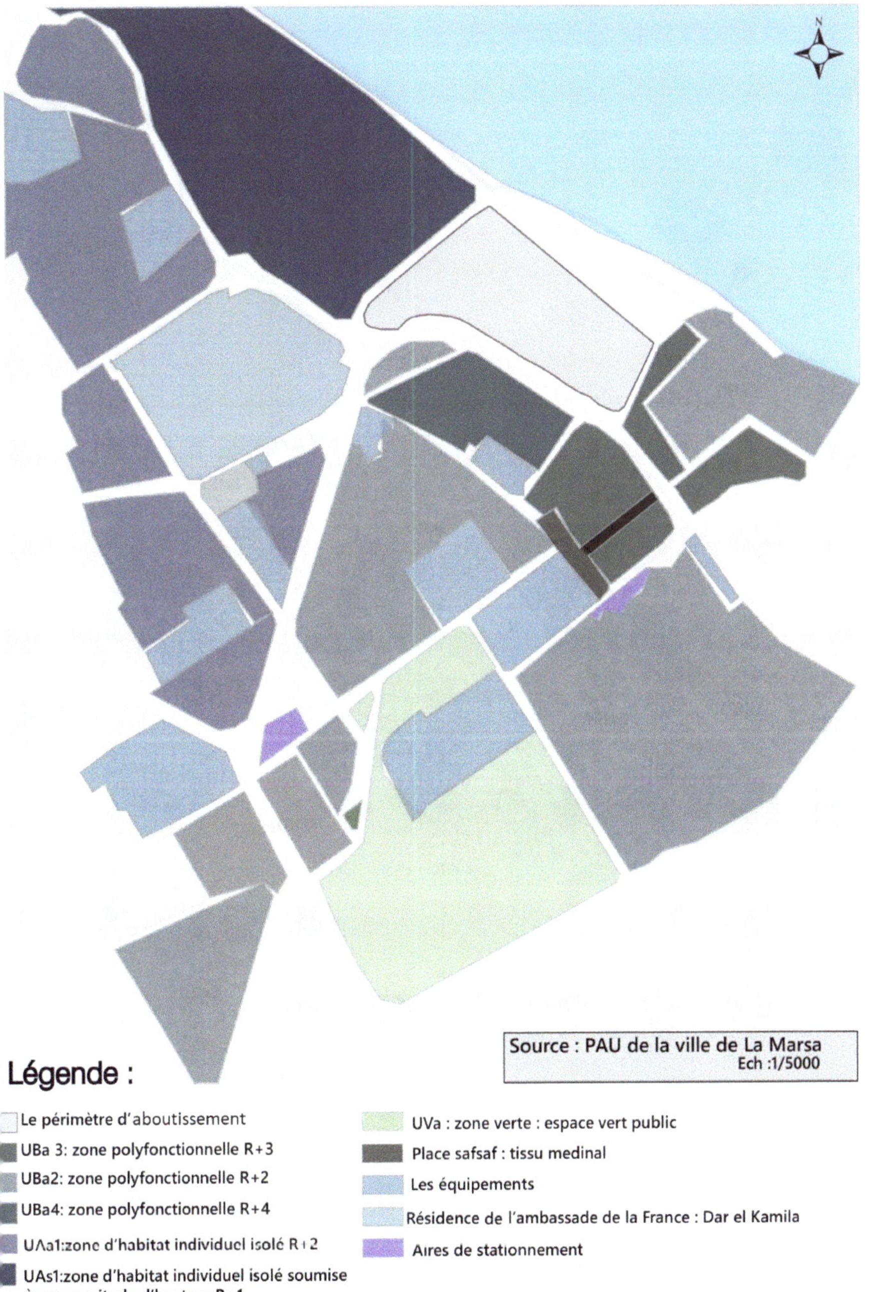

Légende :

Le périmètre d'aboutissement

UBa 3: zone polyfonctionnelle R+3

UBa2: zone polyfonctionnelle R+2

UBa4: zone polyfonctionnelle R+4

UAa1:zone d'habitat individuel isolé R+2

UAs1:zone d'habitat individuel isolé soumise à une servitude d'hauteur R+1

UVa : zone verte : espace vert public

Place safsaf : tissu medinal

Les équipements

Résidence de l'ambassade de la France : Dar el Kamila

Aires de stationnement

43

Les équipements

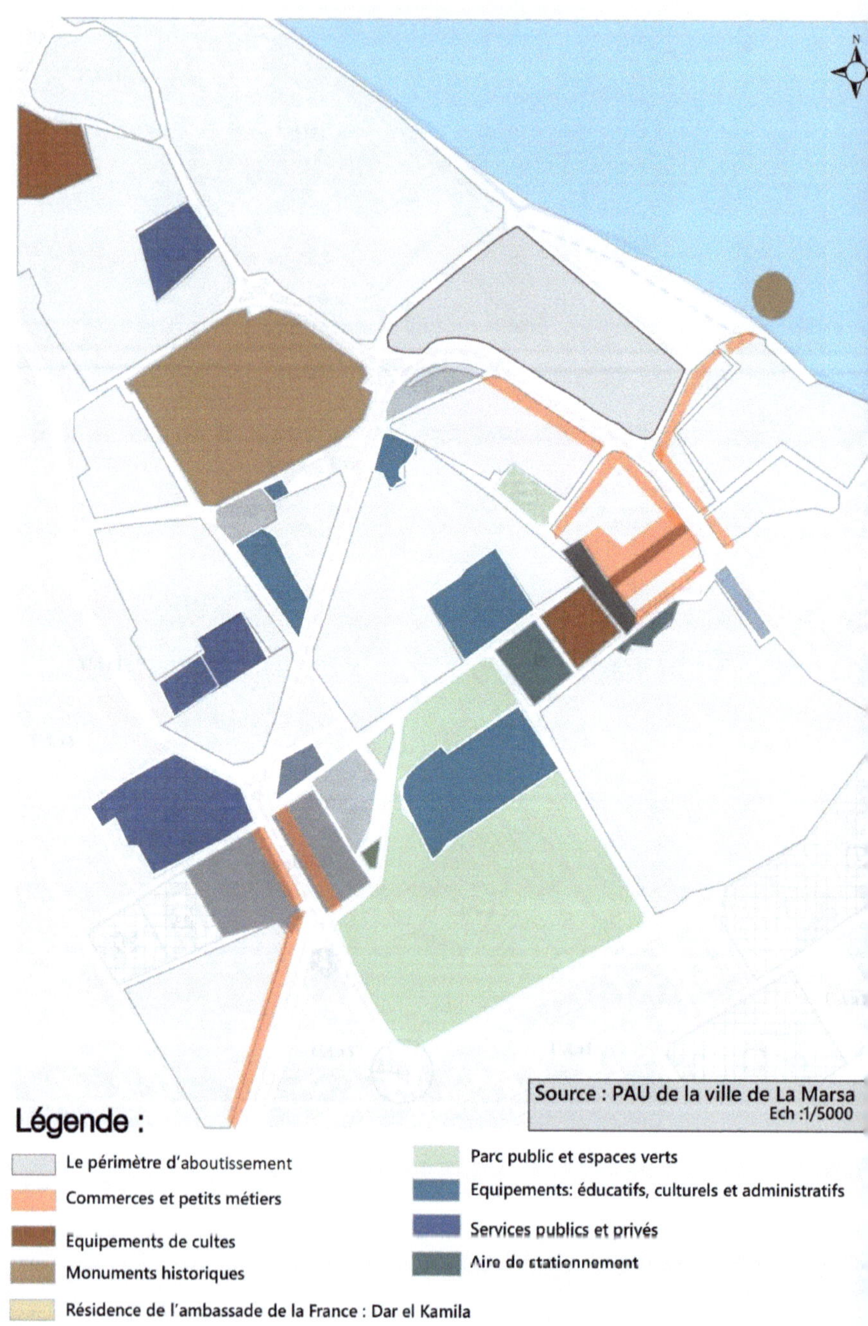

Légende :

- Le périmètre d'aboutissement
- Commerces et petits métiers
- Équipements de cultes
- Monuments historiques
- Résidence de l'ambassade de la France : Dar el Kamila
- Parc public et espaces verts
- Equipements: éducatifs, culturels et administratifs
- Services publics et privés
- Aire de stationnement

Les flux véhiculaires

Légende :

Le périmètre d'aboutissement

Voie principale avec une fréquence importante

Voie secondaire avec une faible fréquence

Voie secondaire avec une fréquence moyenne

Voie secondaire avec une fréquence importante

Giratoires

1.2.   Synthèse

Après une analyse assez objective, toutes les données de base de la ville sont mises en évidence. Il faut dire que La Marsa plage est un lieu riche en équipements (infrastructures, équipements administratifs, lieux de divertissement...). En toutes saisons de l'année, surtout en été, il connaîtra un vécu intense.
La Marsa plage a des caractéristiques spécifiques, qui confèrent beaucoup d'atouts urbanistiques et architecturaux, mais ces fonctionnalités ne peuvent pas garantir le bien-être cherché dans cet endroit.

Chapitre 2

Quels sont vos ressentis *in situ* ?
L'analyse sensible...

L'analyse sensible a constitué le moment fort de mon travail. Les données que nous avons tirées nous ont permis de constituer un corpus de lecture édifiant. Mais surtout, cette analyse nous a permis de comprendre la ville avec une profondeur émotionnelle forte à même d'ajuster nos réponses de façon plus rationnelles, car nourris de la richesse de la pluralité des regards, des lectures, des interprétations participatives.

Schéma 15 : L'analyse sensible, illustration personnelle

2.1.   Marcher et sentir... Le parcours commenté

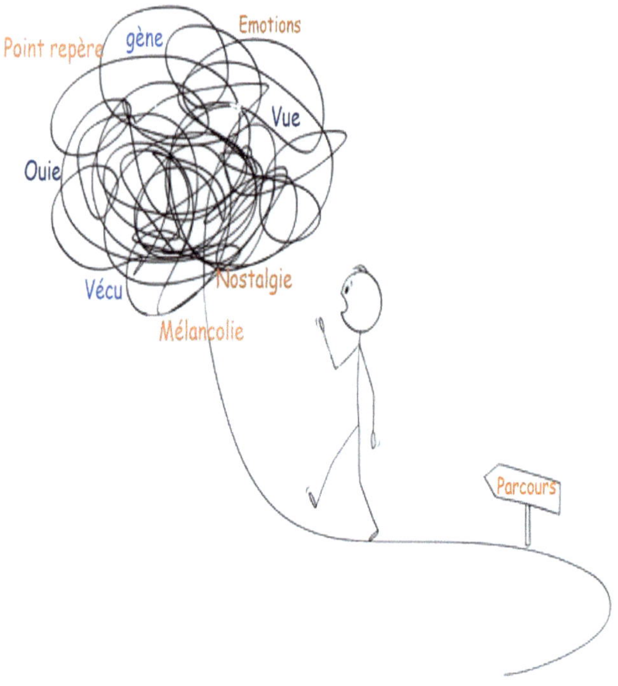

Schéma 16 : Le parcours commenté, illustration personnelle

Qu'est-ce qu'un parcours commenté ?

La méthode des parcours commentés a pour objectif principal d'accéder à l'expérience sensible du passant. Il s'agit avant tout d'obtenir des comptes-rendus de perception en mouvement. Trois activités sont donc sollicitées simultanément : marcher, percevoir et décrire. Cette méthode s'inscrit dans le cadre d'une démarche interdisciplinaire plus large qui fait appel à la fois aux sciences pour l'ingénieur (acoustique, éclairagisme), aux sciences de la conception (architecture, urbanisme) et aux sciences sociales (microsociologie)[19].

---

[19] Thibaud, 2001.

Comment analyser le parcours commenté :

Après avoir utilisé différents fichiers de configuration pour un traitement *in situ*, on analyse les informations collectées à l'aide de méthodes bien définies dans le cours « **Techniques d'enquêtes sur terrain** » élaboré par la sociologue **Mme BEN AYED Raoudha** qui a recommandé et guidé la méthode. Nous pouvons résumer cette méthode comme suit :

Tout d'abord, mettez tous les commentaires sur la carte, en vous référant aux points de départ et d'arrivée, et spécifiez la date et l'heure ainsi que le climat et les données personnelles de la journée.

Accédez ensuite à la grille d'analyse, qui se compose de 5 cases :

- le sens utilisé
- sentiment
- connotation
- stimuler
- image spatiale

Le remplissage de la boîte nous permet de comprendre les annotations et de les expliquer sous une forme chronologique, où nous utilisons principalement des sensations et des stimuli comme base pour une bonne synthèse.

Les profils participants :

Nous avons sélectionné 4 profils différents pour entreprendre ce parcours commenté :

- Une sociologue originaire et résidant à La Marsa
- Un architecte résidant à La Marsa
- Un étudiant en architecture niveau 5e année, un visiteur passager
- Une urbaniste, visiteur passager

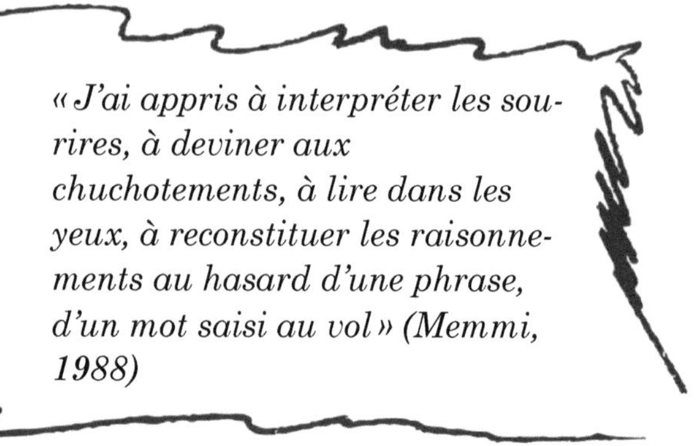

2.2   Répondre aux questions... Le questionnaire

Qu'est-ce qu'un Questionnaire
Série de questions écrites ou orales auxquelles on est soumis et/ou auxquelles on doit répondre ; document manuscrit ou imprimé sur lequel figure la liste des questions posées[20].

Cette définition simple est juste pour introduire le deuxième outil d'analyse sensible que nous utilisons dans notre travail, afin que nous puissions avoir des réponses multiples à notre question initiale – le bien-être et l'appropriation de l'espace urbain.

Les résultats du questionnaire : cf. annexe.

L'interprétation :
D'après ce questionnaire publié sur Internet, nous pouvons distinguer que pour la plupart des participants, le plus important est l'espace naturel végétal et/ou minéral, qui donne une sensation de calme et de tranquillité,

---

[20] TLFi, cnrtl.fr portail, 2005.

et adopte différentes façons d'allouer l'espace urbain pour le bien-être.

Le contre-exemple :

Le questionnaire est un outil d'enquête. Le but est d'obtenir des résultats qui nous aident à penser les sujets de différentes manières, mais les résultats ne reflètent pas toujours les faits, c'est-à-dire selon **le Paradoxe de Simpson (Edward Simpson, statisticien, 1951)**, nous ne pouvons pas nous fier aux chiffres obtenus en disant que c'est le seul résultat possible, parce que si nous augmentons le nombre de gens interrogés ou si nous changeons le temps et l'espace du questionnement (notre questionnaire est virtuel), nous aurons d'autres résultats bien différents et d'autres vérités. **Donc le but derrière ce questionnaire est d'avoir une idée englobante ou un aperçu à propos du bien-être dans l'espace urbain, mais il n'y a pas de réponse ou de résultat définitif, car tout est lié aux conditions et aux situations.**

2.2.   Synthèse

Le travail d'utilisation de ces deux outils d'analyse nous a apporté des résultats très divers, qui traduisent la sensibilité d'un panel de citoyens assez représentatif (résidents, utilisateurs ou visiteurs) par rapport à notre lieu d'intervention. Chacun a ses propres sentiments, ses habitudes et même ses souvenirs.
À travers cette analyse, nous avons pu entrevoir la façon dont ils associent l'espace public urbain à leur propre sentiment de bien-être.

« Pratiquer l'espace », écrit Michet de Certeau, « c'est "répéter l'expérience jubilatoire et silencieuse de l'enfance : c'est, dans le lieu, être autre et passer à l'autre." » (Augé, 1992)

Chapitre 3

C'est à moi de voir l'espace...

Afin de poursuivre l'analyse, il est nécessaire de sonder mes propres observations qui déclenchent la fusion de mes sens et de mes sentiments.

3.1.   Mes observations... mes sentiments

Il s'agit d'une partie assez personnelle, basée sur plusieurs visites distinctes sur le site d'intervention à différents moments de la journée et de la semaine. Cette étape a été initiatrice de l'idée originale, et l'idée était de trouver mon bien-être dans l'espace urbain. Cette étincelle a suscité plusieurs interrogations sur le lieu et mes sentiments sur chaque étape et chaque coin de la ville. Intervenir dans l'environnement, c'est différent d'un endroit à l'autre. Entre la floraison et la mélancolie, je me sens très troublée. À l'endroit où je suis, je ne peux pas me sentir émotionnellement satisfaite, ni spirituellement satisfaite, Bien que le lieu possède de nombreux atouts.
À chacune de mes promenades successives à La Marsa plage, mes observations se sont de plus en plus développées et mon discours est devenu de plus en plus profond et critique.

Image 7 : Mes sentiments, source Google

3.2.   Mes soucis

À la suite de visites quotidiennes, j'ai remarqué des problèmes qui ont causé un inconfort à long terme sur La Marsa plage. Ces problèmes urbains et architecturaux ont affecté les aspects sociaux des habitants.

L'un des problèmes les plus préoccupants dans mon esprit est que la construction de nouveaux bâtiments ont détruit les catégories sociales qui existent depuis longtemps ; La Marsa plage subit le problème de la gentrification, en plus d'autres problèmes tels que la pollution, l'embouteillage, l'expropriation de l'espace public, la mal-planification urbaine.

Des changements sociaux sont apparus sur les murs extérieurs des anciennes maisons de La Marsa plage, la communauté proche de Kobbet Lahwa et toute la zone derrière le centre commercial Zéphyr ne ressemblant plus aux nouveaux bâtiments, R + 4, le rez-de-chaussée qui regorge de cafés et de restaurants, apportant un autre type de pratique aux résidents des environs, dont le niveau de vie est de plus en plus élevé.

La gentrification de Marsa Beach apporte un inconfort social aux résidents et est transmis aux passagers et aux touristes pendant la promenade.

La face cachée de La Marsa plage

Kobbet lahwa en état de ruine

Escalier public détruit

Construction inachevée

Construction délaissée

Quartier marginalisé

Espace marginalisé

Passage vacant

Banc inconfortable

Constructions R+2 détruites

Passage non aménagé

La face dévoilée de La Marsa plage

Façade cohérente

Constructions R+4

Passage équipé

Construction phare

Le nouveau paysage urbain

LE DYSFONCTIONNEMENT DU PAYSAGE URBAIN DANS LA MARSA PLAGE

3.3.   Mes premières suggestions

Après avoir clarifié, pendant la phase d'observation, les forces et faiblesses principales du site et entrevu les questions d'urbanisme et d'architecture, il est temps de chercher des solutions aux problèmes rencontrés, pour améliorer la vie des citoyens de La Marsa plage.
Les idées de changement et d'amélioration devront nécessairement prendre en compte :

1 – Les deux phases, du jour et de la nuit. Ces deux phases affectent généralement l'atmosphère et la sensation produite par le lieu.

2 – La couleur et la lumière dans l'espace urbain.

3 – La continuité et l'harmonie avec la structure urbaine existante et l'amélioration de la planification et de l'organisation spatiale.

Chapitre 4

Synthèse

Sans aucun doute, à travers ce pas d'interrogation, nous pouvons nous rapprocher du site « La Marsa plage », qui distingue l'analyse objective sélectionnée pour la constitution d'une base de données simple liée au sujet et l'analyse sensible composée de trois parties : informations et commentaires divers (le parcours commenté), en se promenant dans La Marsa plage et même en répondant aux questionnaires requis, nous pouvons avoir une compréhension plus complète à travers les pratiques et les sentiments, et enfin intégrer des observations et des interférences personnelles.

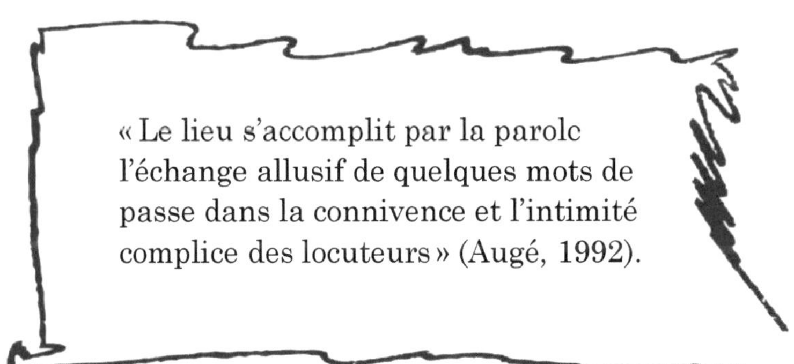

TROISIÈME PARTIE

Chapitre 1

Feuilleter plus... Les lectures

La lecture est une étape catalytique de notre travail, le point de départ des idées et l'outil de base pour progresser à partir de ressources solides. Pour cette raison, nous choisissons de citer divers livres et divers articles comme références essentielles.

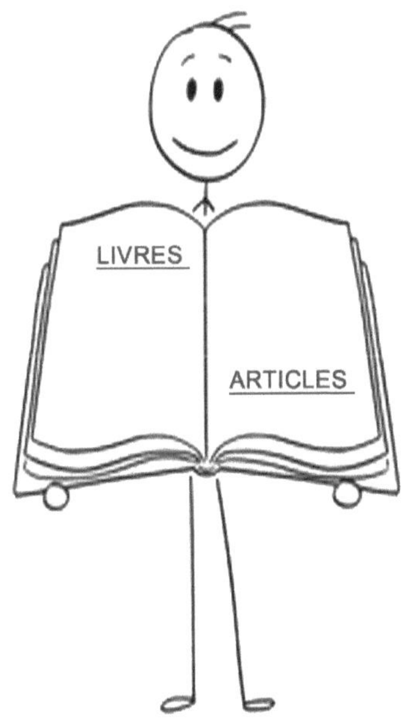

Schéma 17 : Feuilleter plus, illustration personnelle

LIVRES DÉCLENCHEURS

ESQUISSES
ARCHITECTURE ET SANTÉ
AIRES CONDITIONNÉES

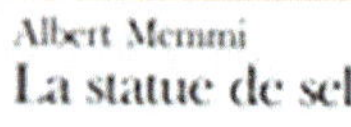
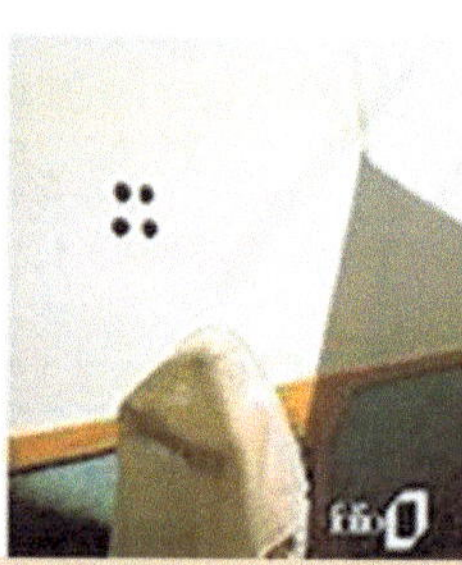

Albert Memmi
La statue de sel
folio

ITALO CALVINO
Les ville
invisible
ÉDITIONS DU S

SOCIOLOGIES AU QUOTIDIEN
LA VILLE MÉMOIRE
Contribution à une sociologie du vécu
par
TRAKI ZANNAD BOUCHRARA

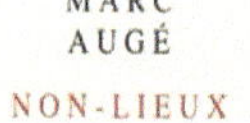

espaces et sociétés
villes écrites
94

RECHERCHES INTERNATIONALES n° 20-21
L'HO
LA
REVUE BIMESTRIELLE — 4ᵉ ANN

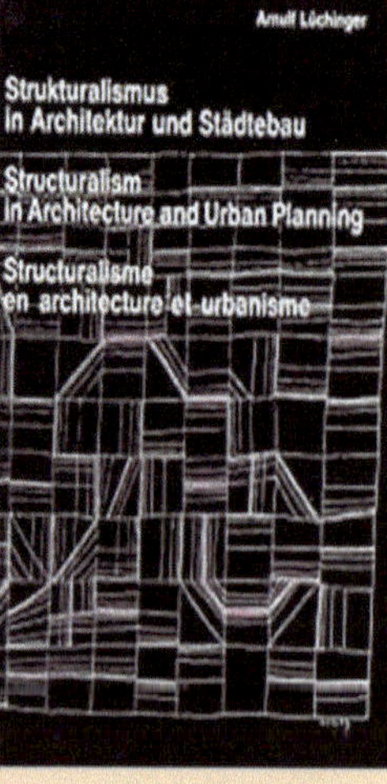

Arnulf Lüchinger
Strukturalismus in Architektur und Städtebau
Structuralism in Architecture and Urban Planning
Structuralisme en architecture et urbanisme

MARC AUGÉ
NON-LIEUX
INTRODUCTION
À UNE ANTHROPOLOGIE
DE LA SURMODERNITÉ
LA LIBRAIRIE
DU XXᵉ SIÈCLE
SEUIL

ICONOGRA AND
ELECTRON
UPON A
GENERIC ARCHIT
A VIEW FROM THE DRAFTI
ROBERT VENTU

QUAND LES HABITANTS DE LA MARSA NE S'Y PLAISENT PLUS !

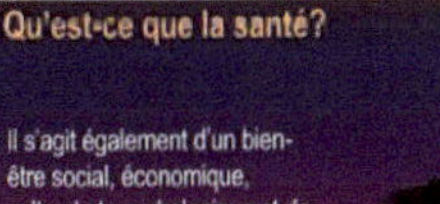

MANIFESTATIONS De l'espace de qualité à celui du bien-être : une question d'appropriation sensorielle ?

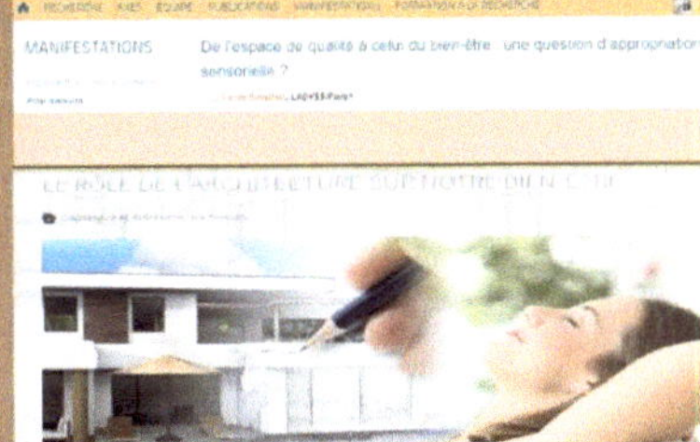

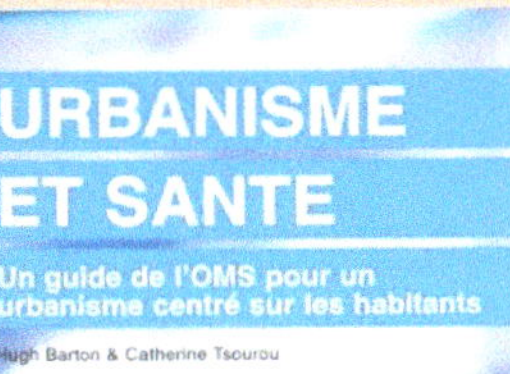

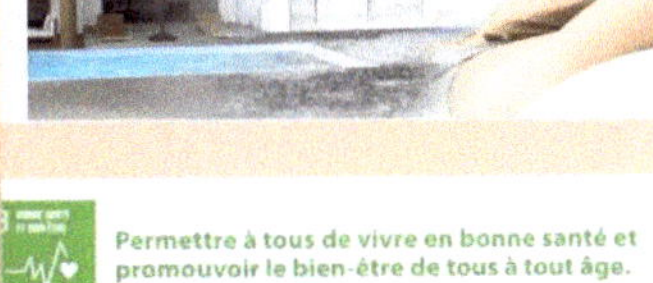

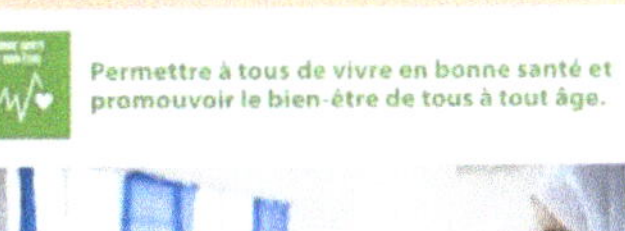

Sur l'appropriation de
l'espace

Etudes et réflexions spécifiques sur le quartier
Sainte-Blandine / Confluence

Chapitre 2

Viser plus...
Des projets, des architectes

Viser certains projets entre urbain et architectural est la méthode habituelle, mais interpeller les réflexions des architectes ainsi qu'une méthodologie de réflexion qui peut être utilisée comme une base de référence riche et solide, et en même temps diversifiée.

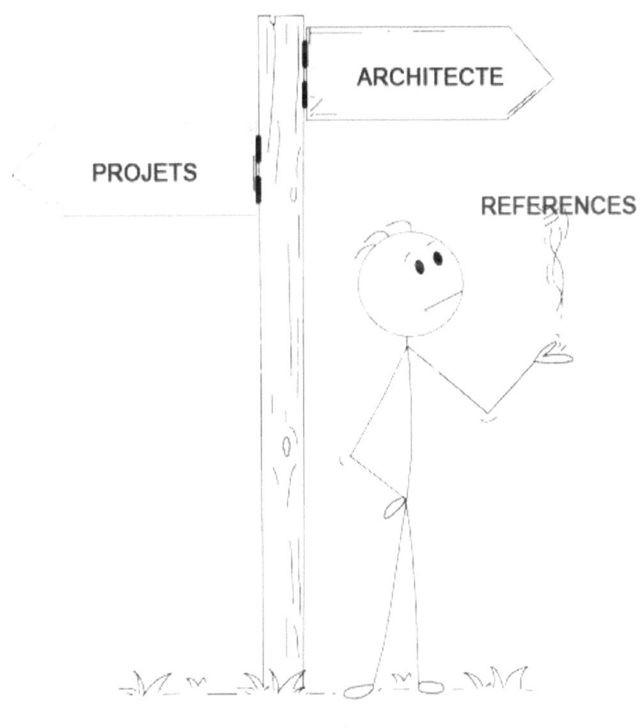

Schéma 18 : Vise plus, illustration personnelle

2.1.   Les projets urbains/architecturaux

Tout d'abord, les projets qui questionnent le rapport
entre la ville et le bâtiment constituent la première
couche de notre travail de référence. Nous avons sélectionné les projets suivants afin de nous concentrer sur
le concept et la conception de l'approche qui convient à
notre thématique.

Schéma 19 : Projets urbains architecturaux,
illustration personnelle

La construction d'espaces verts, de fontaines, de mobilier urbain et d'éclairage décoratif.

L'aménagement paysager du front de mer et des espaces publics autour de lui.
une série de noeuds : Espace de gravitas urbaines.

noeud est relié par le front de mer et la promenade au niveau de la rue. La continuité

Les miniscules poches d'espaces publics mais personnels avec l'utilisation de meubles publics

Place conservée ouverte au bord de la mer est bordée par des boutiques et des bars.

Couleurs, lumière

Utilisez du jaune, les couleurs des matières brutes et d'autres couleurs pour restaurer l'espace et l'atmosphère avec la lumière décorative et créative

Matériaux

Utilisez des matières premières: bois, métal, béton rappellent le style industriel naval

Concepts

Offrir un environnement de soutien pratique et émotionnel, fournir un espace où les gens se sentent à la maison et pris en charge, un espace qui est chaleureux, réceptif et accueillant.

Composition minutieuse des espaces répondant aux besoins, des zones clairement distinguées.

Les espaces se sentent décontractés, presque insouciants, permettant de se sentir à l'aise et à la maison.

Des espaces pour des moments plus personnels - soit dans le cadre intime, ou dans de plus petits recoins et des espaces privés.

Espace introverti et extraverti : chaque espace a un rapport soit à la cour intérieure soit à la forêt environnante et la verdure.

Couleurs, lumière

Utilisez les couleurs des matières brutes et d'autres couleurs pour restaurer l'espace et l'atmosphère avec la lumière naturelle

Matériaux

Utilisez des matières premières: bois, métal, béton, verre.

2.2.   L'architecte référence

Cette fois, nous avons choisi de nous référer à l'architecte pour diversifier les sources et invoquer une méthodologie et des idées constructives parallèles au sujet à étudier qui vont enrichir le travail de réflexion.

Schéma 20 : l'architecte référence, illustration personnelle

Retourner à l'identité de site d'intervention, sa culture, ses origines et ses souvenirs.

S'intégrer dans le site suivant sa topographie et ses caractéristiques

Une conception primordiale dans son intention planifiée selon une logique bien détérminée

Former une construction qui est élémentaire plutôt que traitée

Envisagez l'utilisation d'une ventilation naturelle dans l'espace avec des conditions immédiates. Un système de refroidissement passif

Couleurs, lumière

Utilisez les couleurs des matières brutes oxydées qui ramènent au style intemporel et le travail sur l'atmosphère avec la lumière naturelle.

Matériaux

Utilisez des matériaux recyclés: rouille, planches d'occasion huilées, tablier recyclé, acier de 35 mpa qui est oxydé puis scellé avec apprêt transparent.

S'intégrer dans le paysage et dans l'esprit du peuple

Créer un espace pour les présentations, des conférences, des lectures et des performances dans un abri bien conçu et bienveillant

Conçu avec des structures rudimentaires, accueillantes et puissantes

Fournir de l'ombre et un abri et filtrer le soleil rigoureux

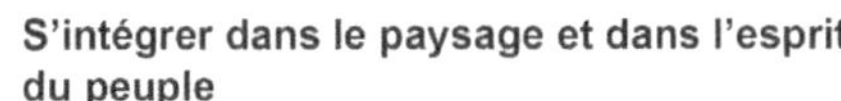

Utilisez les couleurs des matières brutes et les couleurs naturelles des arbres et des herbes, travail sur l'atmosphère avec la lumière naturelle à travers les ouvertures

Utilisez des matériaux dans leur état simple comme l'acier, le bois et le verre.

2.3. Synthèse

La sélection d'un grand nombre de références et de sources d'inspiration de projets de livres et d'architectes a fondé les bases de nos objectifs d'analyse des références. Nos choix ont été soigneusement étudiés et ciblés, car chaque information obtenue grâce à eux est claire dans la réflexion.

Chapitre 3

Avec quels outils ?

Chaque travail possède des outils pour qu'il puisse être élaboré. Pour ce travail j'ai utilisé deux outils majeurs : le premier est un outil conceptuel, « **la microarchitecture** », qui m'a permis d'introduire de nouveaux concepts sur le plan sensoriel, adaptés à notre problématique.
Le deuxième outil est un outil théorique. Il est principalement composé d'idées structuralistes, dans lesquelles nous nous sommes plongés et imprégnés par la lecture. Pour nous, différentes vues et réflexions sur les aspects urbains et architecturaux de la ville sont utiles.

Schéma 21 : Outils, illustration personnelle

3.1. À travers la microarchitecture…
La conception, les concepts

C'est le premier outil qui cache derrière lui une panoplie de concepts qui peuvent servir le bien-être dans l'espace urbain en favorisant l'appropriation de ce dernier.

La microarchitecture : définition
«Technique de construction de structures de très petites dimensions[21].»
Une définition simple mais efficace, qui rend compte de l'échelle de la construction mais qui ne recouvre pas pour autant l'attitude, voire même la philosophie que suppose la microarchitecture.
C'est une technique de construction qui se manifeste dans l'urbanisme, l'architecture et plusieurs autres domaines (comme la programmation des processeurs).
La microarchitecture était une réponse face aux symptômes des changements structuraux du XXᵉ siècle, synthétisée par les architectes dans des propositions et des défis constructifs avant-gardistes. Le slogan de ces architectes était : « Un autre monde est possible ».
Elle a touché en premier lieu les espaces habitables minimaux, puis elle a évolué vers **la microarchitecture parasite** qui consiste à prendre un bâtiment existant comme un terrain d'exploitation. Ensuite apparaîtront **la micro-intervention** et **l'architecture de l'urbain**.
C'est là où le site d'intervention deviendra l'espace public. C'est cette dimension de la microarchitecture qui sera la plus proche de nos objectifs conceptuels.
L'objectif principal de cette microarchitecture est de revisiter l'espace public à travers des points de rafraîchissemont

---

[21] Microarchitecture, 2020.

pour initier la (ré)appropriation de l'espace par différentes manières. Rendre la vie sociale plus facile, plus épanouissante en établissant des relations solides avec les usagers quels que soit leurs profils.

Cette microarchitecture se caractérise par l'usage intelligent de l'espace, l'exploitation des matériaux et l'audace des emplacements proposés.

C'est une pratique à la fois architecturale et urbaine, qui donne une multitude de choix et d'idées, et qui invite à la multidisciplinarité des concepteurs, ce qui lui confère un potentiel élevé de créativité et d'innovation.

Un observatoire de quiétude

Répondant au doux nom de «La rue des Utopies», ce projet est le fruit de travail de Florian Lopez et Constantinos Foursoglou, ont construit un abri sur l'esplanade de la Défense qui se veut être un véritable espace de repos et de décontraction, déconnecté du reste des lieux.
La structure en aluminium de lames de bois prend la forme d'une promenade-observatoire qui «suscite par la taille un sentiment d'intimité» et l'idée d'«un espace hors-champ comme hors-temps», Les matériaux utilisés sont bruts, sans coloration pour un meilleur recyclage et la promenade se prolonge sur une durée d'environ 60 mètres

Une immense table de réunion

C'est ici une immense table de travail que l'on découvre avec le designer Alexandre Moronnoz qui a nommé son projet «Big Board».
Offrant la possibilité de se réunir en plein air.
Cette structure se rattache à l'idée d'un «travail hors-champ» et peut devenir pour ceux qui le souhaitent, un véritable espace de coworking qui se métamorphose selon les usages. À la fois table et podium sur lequel chacun peut monter, lieu de rencontre et scène publique.
Ce projet en métal et bois se veut être une micro-architecture que l'on peut s'approprier individuellement ou en petit groupe, grâce à son banc et sa table circulaires.

Des abris basculés

Imaginez une seule et même forme qui bascule sur quatre faces.
Ces «abris basculés» pensés par les jeunes designers Aurélie Chapelle et David Machado culminent à 3,50 mètres de hauteur et offrent une surface de 5m2 chacun. Composés d'une structure en métal peint noir et habillés de panneaux en stratifié compact.
Ces quatre micro-architectures deviennent successivement garage à vélos, cabine miroir, banc abrité et espace de cadrage pour l'installation Cheminée Végétalisée d'Édouard François, issue de la biennale de l'année 2003.

Des plateformes de travail urbaines

Conçues comme des îles en bois naturel qui s'implantent de manière inattendue sur la dalle de La Défense, ces plateformes pensées par le designer Pawel Grobelny veulent offrir un nouveau lieu pour travailler confortablement à l'extérieur des immeubles de bureaux, une des plateformes est partiellement suspendue au-dessus de la piscine artificielle de la Place Henri Regnault et effleure l'eau pour créer de nouvelles perspectives pour les utilisateurs. Les deux autres plateformes situées sur l'axe historique offrent une vue surprenante sur l'Arc de Triomphe.

Des refuges climatiques

«Les refuges de la Défense» est le projet des architectes Maia Tuur et Yoann Dupouy de l'agence TU-DU. En complète rupture avec les immenses tours et immeubles avoisinants, ces qautre structures rappellent l'allure des maisons traditionnelles ,
et répondent à l'idée de «Village» qui domine cette biennale.
Semie-mobile, chaque structure métallique qui s'appuie sur deux pieds dont une roue, peut tourner sur elle-même à 360 degrés.
Ainsi, le soin est laissé aux utilisateurs d'optimiser leur positionnement face au soleil, à la pluie et au vent.
Conçus comme des kits démontables revêtus de bois à l'intérieur et de métal à l'extérieur, ces quatre refuges sont également des points d'orientation géographique.

Exemple de la micro architecture :

Ces exemples prennent lieu pour la troisième édition de la biennale de création de mobilier urbain «Forme Publique», dans la place de défense a Paris ,France.
Cette édition est organisée par Defacto s'est tenue autour du thème «Village Global», avec les trois

Espace éternel, rester un court instant en ville pour ressentir l'intimité.

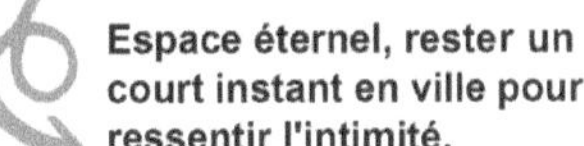

L'observatoire de quiétude

Espace de travail extérieur, à l'extérieur du bâtiment, espace partagé

Une immense table de réunion ' Big board'
Des plateformes de travail urbaines

Un espace qui rappelle le paysage naturel de la ville, concept du village

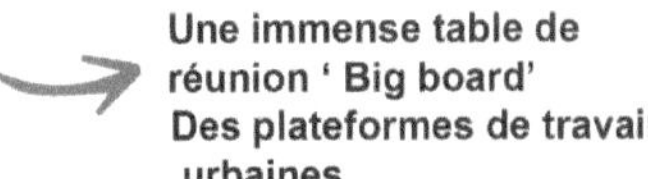

Des refuges climatiques

Rappeler la structure traditionnelle du site d'intervention

Un espace abrité contenant divers fonctions, telles que Garage à vélos, banc avec une touche de couleur.

Des abris basculés

Utilisez du jaune, du bleu, du rouge et d'autres couleurs pour restaurer l'espace et l'atmosphère.

Utilisez des matières premières: bois, métal, aluminium pour former un style intemporel.

Autre exemple de la micro architecture :

Projet : Concours d'idées : Le taxi prends ses aires!
Type : Architecture. Design urbain
Lieu : Montréal Canada
Année : 2010
Client : Réalisons Montréal / Bureau de Design Montréal
Statut : Proposition conceptuelle

La Line-Up Plaza est conçue comme un environnement urbain intégré. Sor organisation s'effectue ainsi selon l'inclusion de différents éléments programmatiques (espace taxi, mobilier urbain, système d'éclairage, etc.) à un territoire unificateur.

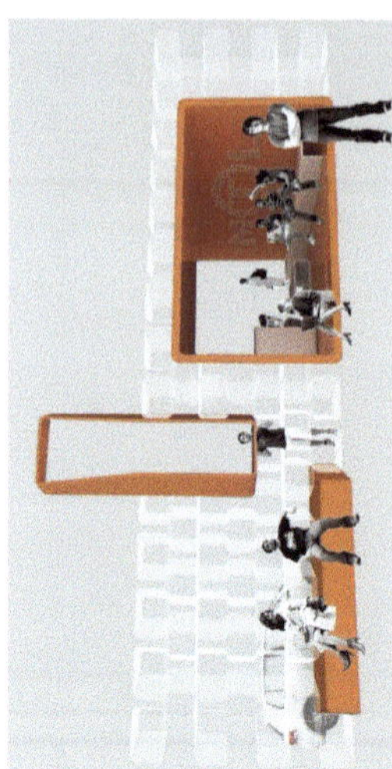

L'élément programmatique de base du système, un espace intérieur d'attente, d'interaction, d'information cartographique et de répartition des appels, est premièrement inscrit à même cette structure. Celui-ci se compose d'un espace ouvert aménagé, en continuité avec l'espace public et le secteur des voitures.

La Line-Up Plaza devient objet de paysage entre identification et dématérialisation. À l'échelle urbaine, elle apparaît être l'icône générique des lieux de taxis. Sa composition matérielle, ses couleurs, ses niveaux de transparence et la linéarité de sor organisation identifient ainsi leur position dans la ville. D'un autre côté, la Line-Up Plaza traduit une dématérialisation paysagère.

Il agit ici comme lieu transitoire entre ces deux domaines. S'en suit l'intégration d'autres espaces d'attente extérieurs, du mobilier et du système d'éclairage urbain. L'usage de ces éléments est partagé. Par exemple, les espaces d'attente servent à la fois de carapace face aux intempéries et de lieux transitoires. Les bancs enclenchent les repos piétonniers et des bornes électriques intégrées permettent la recharge des véhicules. L'ensemble organisationnel donne ainsi corps à cette nouvelle entité urbaine.

L'imbrication des modules plastiques transparents et des éléments programmatiques entraine une modification du paysage.
Les percées laissent une vue clair et précise des espaces adjacents tandis que les éléments tectoniques transforment la réalité visuelle. Durant la nuit, seuls les éléments programma-

Concepts

Travailler en alternance entre les espaces internes et externes

Conçu un espace où le paysage est entre identification et dématérialisation et lui rendre l'icône générique des lieux, une dématérialisation paysagère

Une composition matérielle, avec ses couleurs, ses niveaux de transparence et la linéarité de son organisation identifient ainsi leur position dans la ville

L'imbrication des modules plastiques transparents et des éléments programmatiques entraine une modification du paysage

La mise en évidence par un éclairage intégré. Les modules plastiques disparaissent alors et le flottement de couleur s'opère.

Couleurs, lumière

Les couleurs vives et la transparence augmentent la présence de lumière

Matériaux

Utilisez des matériaux légers et des textures différentes

Les concepts à rajouter

En plus des concepts que nous avons pu extraire des exemples de microarchitecture, il nous semble nécessaire de les enrichir par celui de chromothérapie, tant il est en accord à la fois avec l'esprit même de la microarchitecture et avec le rapport bien-être/appropriation de l'espace public.

La chromothérapie… ça veut dire quoi ?

C'est un moyen d'atteindre la santé et le bien-être grâce à l'utilisation de la lumière et de la couleur.

Nous avons choisi cette méthode car selon le principe de la chromothérapie, la couleur agit sur l'esprit et le corps, régulant notre état émotionnel et l'équilibre mental/physique. Par conséquent, l'utilisation de la couleur est la base pour organiser et décorer l'espace qui nous entoure dans le but de soigner l'espace cette fois-ci avec la lumière colorée et les couleurs.

Image 8 : La chromothérapie, source Google

La chromothérapie dans l'espace... est-elle faisable ?

La thérapie par la couleur est un principe universel, elle peut être appliquée à l'espace en y introduisant de façon tangible la couleur et la lumière. Plutôt que des objets ou des formes, il s'agit de concevoir une atmosphère, une ambiance et même un sentiment.

D'une manière générale, l'étude de la signification de la couleur et de son impact sur les personnes est une étape très importante, plus précisément, dans la conception basée sur la chromothérapie pour résoudre le problème d'espace qui affecte les personnes et cause des dommages humains. L'inconfort des villes ou des lieux publics nous touche et touche leur sensibilité.

Image 9 : La chromothérapie et l'espace, source Google

Effets des couleurs

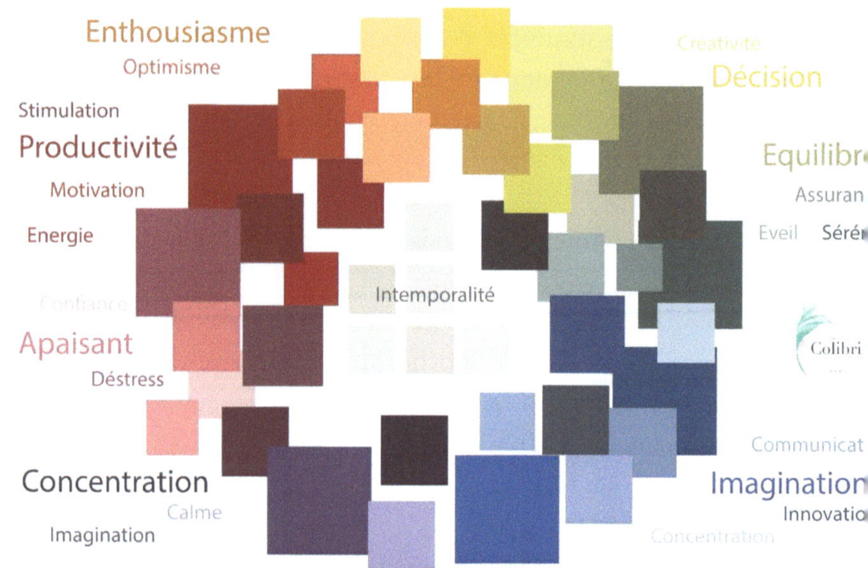

Image 10 : Effets des couleurs, source Google

3.2.   Le structuralisme

Le structuralisme... Quelle définition ?

*« Divers structuralistes décriraient une structure de la manière suivante : Elle est **un tout de relations** dans lequel les éléments peuvent varier, et ceci en restant dépendants du tout en gardant leur signification. Le **tout est indépendant des éléments. Les relations entre les éléments sont plus importantes** que les éléments eux-mêmes. **Les éléments sont interchangeables, mais pas les relations**[22]. »*

---

[22] *Structuralisme en architecture et urbanisme*, Luchinger, 1981, p. 17.

Image 11 : Le structuralisme, source Google

Le contexte

« *Au sens général, le structuralisme est **une forme de pensée du XXᵉ siècle** apparue en plusieurs lieux, à plusieurs époques et **dans différentes disciplines**. Il se manifeste dans l'art, la philosophie, la linguistique, l'ethnologie, l'histoire et la psychanalyse*[23]. »

Le structuralisme est un courant de pensée étendu à une multitude de domaines et il est omniprésent dans l'urbanisme et l'architecture, et cela est le premier facteur qui nous a menés à l'adopter pour notre travail.

À quoi ça sert ?

Nous avons opté pour cette pensée car elle souligne l'importance des relations entre les éléments par les éléments en eux-mêmes. C'est cela même que nous cherchons à concrétiser à travers ce travail : la relation entre l'usager et l'espace conçu, surtout sur le plan urbain.

---

[23] *Structuralisme en architecture et urbanisme*, Luchinger, 1981, p. 15.

Quel que soit le profil d'usager et quelle que soit la forme, la couleur, la taille et même la fonction de l'espace, ce qui est important, c'est la relation établie entre ces deux éléments.

C'est la mesure de cette relation qui nous permettra d'établir les conditions pour que l'espace urbain devienne appropriable et donc s'inscrive en tant que vecteur potentiel du bien-être.

Image 12 : La pensée structuraliste, source Google

La rue et le structuralisme

Le structuralisme a bien touché l'aspect urbain par son élément principal qui est la rue. Pour notre travail, la rue fait partie du site d'intervention, pour ne pas dire qu'elle en est le catalyseur.

Louis Khan disait : « *La notion de la ville commençait là où place et rue servaient de lieu de rencontre.* » Dans cette rencontre, il voyait l'essence et l'origine de la ville. À ce sujet, il s'exprimait comme suit :

« **Les rues lieux de rencontre**, les rues refuge public où seul le toit manque. Une salle de réunion n'est en fait qu'une surmontée d'un toit. Ceci vaut lorsque nous

84

voyons les choses au plan de la rencontre. Et les murs de ce lieu de rencontre que l'on appelle **espace public, c'est-à-dire les rues,** sont tout simplement les façades des maisons et les maisons ont laissé les rues à la disposition de la ville.

Aujourd'hui, les rues sont des **couloirs de circulation indifférents** qui **n'appartiennent aucunement aux maisons** qui les bordent. En fait, nous n'avons plus de rue ; nous avons des voies de circulation mais pas des rues. Afin de retrouver les rues, nous devons redéfinir le mouvement et l'intégrer à un ordre dans lequel la rue pourra reprendre la place qui lui revient dans le **réseau des communications sociales**[24]. »

Ce texte de Louis Khan montre bien l'importance de la rue dans la vie sociale des citoyens pour l'établissement des communications entre eux, puisque le rôle primaire de la rue ou l'espace public est la **rencontre.**

C'est ce critère qui doit être mis en exergue dans la ville pour qu'elle devienne un milieu convivial pour les usagers de l'espace public et que les relations sociales deviennent plus solides, pour que les citoyens puissent s'affranchir de l'isolement social qui les impacte de plus en plus et qui constitue un facteur de mal-être social.

Allons plus loin avec les **Smithson** qui déclarent que *« la rue est l'extension de la maison*[25]*. »*

Cela nous mène à penser que la rue fait partie de la maison, donc elle est un espace appropriable, domestique, qui nous appartiendrait comme nos maisons.

---

[24] *Structuralisme en architecture et urbanisme*, Luchinger, 1981, p. 31.
[25] *Structuralisme en architecture et urbanisme*, Luchinger, 1981, p. 31.

Le structuralisme et la logique d'analyse

Le structuralisme en architecture et en urbanisme a une logique bien déterminée pour comprendre les relations entre l'homme et l'espace architectural ou urbain ainsi que leur impact d'un point de vue à la fois objectif et subjectif :

*« Une œuvre architecturale ou urbanistique est l'interprétation personnelle de deux champs de connaissance collectifs, l'un **matériel** et l'autre **immatériel**. D'une part, il s'agit d'interpréter le comportement archétypique de l'homme dans la collectivité et, d'autre part, d'interpréter l'immense musée imaginaire, c'est-à-dire l'expérience constructive globale de l'humanité. Dans le cas idéal, les interprétations de ces deux champs de connaissance doivent se recouvrir dans le sens des "**interrelations sociales et plastiques**[26]". »*

Le structuralisme et le bien-être

Le structuralisme explique la relation entre l'espace urbain et les individus et même les communautés. Le but est de repenser l'espace de différentes manières pour valoriser cette relation, mettre en pratique le bien-être de l'humain dans l'espace :

*« L'image urbaine – conscience de la structure urbaine globale – ne dépend donc plus seulement de la **stricte relation personne-lieu** (chaque quartier pour ses habitants est le centre pour tous), mais en plus d'une **série d'éléments publics généraux** répartis plus ou moins régulièrement et qui **sont significatifs pour tous les citadins**[27]. »*

« Enfin, avant tout, une planification qui n'est pas seulement l'expression de la performance humaine mais

---

[26] *Structuralisme en architecture et urbanisme*, Luchinger, 1981, p. 19.
[27] *Structuralisme en architecture et urbanisme*, Luchinger, 1981, p. 39.

précisément l'inverse, dans laquelle les hommes peuvent **exister/survivre,** *de sorte que l'on puisse* **être ce que l'on veut : chez soi quel que soit l'endroit. Donc partout[28].** »

Le bien-être dans l'espace est une question de social et de communication ; cela peut être dit comme ceci : « *À la question de savoir ce qui structure l'espace, nous répondons que ce sont les communications[29].* »
Le structuralisme considère les éléments qui doivent devenir le fondement de l'espace et sa structure pour assurer le bien-être : « lumière espace et verdure[30] ».

Ces trois éléments sont vitaux pour le bien-être dans l'espace. Ils affectent notre réflexion de manière à modifier notre humeur générale.

---

[28] *Structuralisme en architecture et urbanisme,* Luchinger, 1981, p. 39.
[29] *Structuralisme en architecture et urbanisme,* Luchinger, 1981, p. 51.
[30] *Structuralisme en architecture et urbanisme,* Luchinger, 1981, p. 33.

QUATRIÈME PARTIE

Chapitre 1

Le dernier pas : Proposer

Nous arrivons enfin au bout du schème avec ce dernier pas qui se compose de deux parties primatiales : la partie urbaine où notre parcours sera façonné par ses points d'intervention et ses évènements, qui nous conduira vers la deuxième partie où notre travail architectural mettra en évidence notre pensée initiale et accomplira le paysage souhaité.

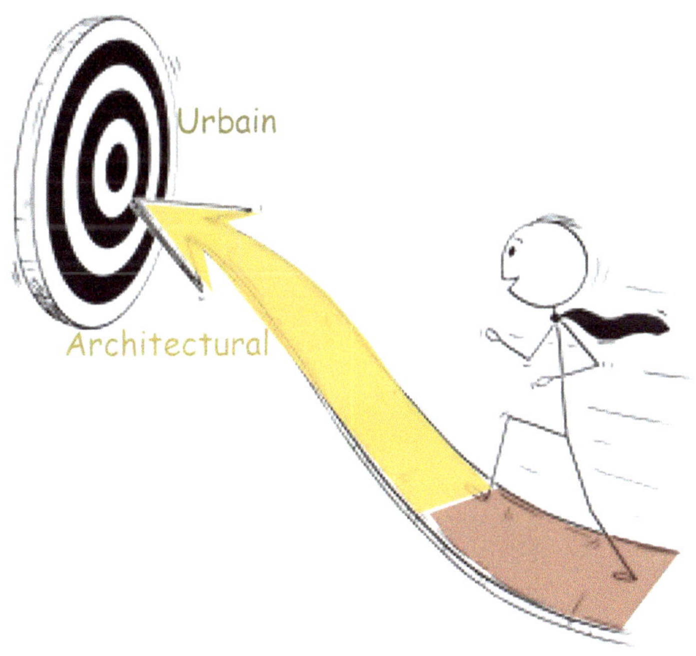

Schéma 22 : Le dernier pas, illustration personnelle

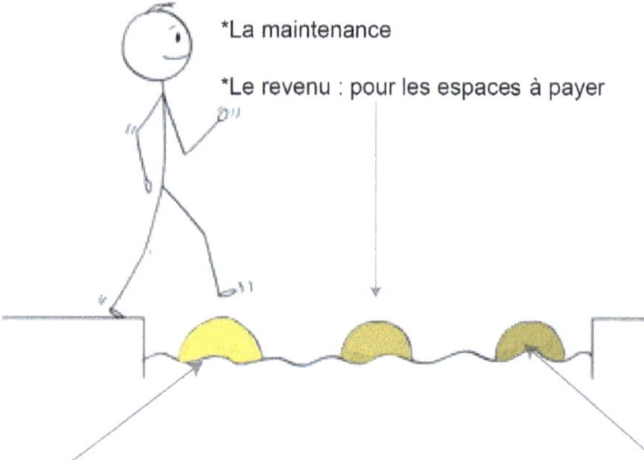

PRINCIPES D'INTERVENTION

*La réconciliation de la relation des
citoyens avec l'espace public

*La restitution du bien-être à travers
l'appropriation de l'espace public

*La revalorisation de l'espace
urbain/public et le rendre plus
accessible et appropriable

*La continuité et l'intégration dans le
site dans le but d'avoir de
 l'harmonie.

LE CHOIX DES MATERIAUX,LUMIÈRE,COULE

Des matériaux Low Tech:
Des matériaux en état brut et d'un aspect intem
comme:
Le bois
L'acier oxydé:Le corten

La lumière et les couleurs pour la chromothéra
De la lumière froide avec de nouvelles technolo
Des couleurs significatives et influenceuses

CES PRINCIPES SONT APPLICABLES DANS
LES DEUX VOLETS DU PROJET URBAIN ET
ARCHITECTURAL

À travers l'étape de dessin, nous poursuivons le travail conceptuel, y compris la première partie qui se déroule dans l'espace urbain, qui affecte ses différentes composantes, rues, ruelles et impasses qui forment notre trajectoire et le terrain d'intervention urbaine et événementielle qui s'inscrivent dans les univers du bien-être, qui est notre quête principale.

Schéma 23 : Dessiner les pas, illustration personnelle

Chapitre 2

Un pas... Un évènement

Toujours dans la pratique du bien-être de l'appropriation de l'espace urbain, cette fois-ci, nous prenons en considération l'aspect évènementiel puisqu'il fait partie des dix univers du bien-être et il a un impact significatif sur la convivialité de l'espace.

Par conséquent, nous avons proposé un dépliant contenant diverses activités et événements urbains à réaliser à La Marsa plage à côté des existants, comme le festival du printemps à La Marsa plage, le Safsaf et d'autre événements saisonniers proposés par la commune de La Marsa.

Nos recommandations sont basées sur les concepts de base que nous cherchons à implanter dans les espaces publics, comme le partage de rencontres et de liens sociaux à travers des activités connectées ; les aspects environnementaux sont aussi présentés car notre bien-être est affecté par l'environnement et la présence du végétal dans notre milieu.

Afin de se tenir au courant de toute l'actualité des événements de la ville le jour de l'événement, nous avons proposé un site web contenant tous les plans annuels, et une application où les utilisateurs peuvent trouver l'emplacement de chaque festival ou événement et tous les détails du contenu.

Chapitre 3

Arriver au bout du chemin

Tous les travaux antérieurs nous ont permis d'obtenir des résultats architecturaux bien structurés, dont le fondement est le bien-être et l'appropriation de l'espace public, qui se reflète dans les espaces conçus, le mobilier et les paysages requis des conceptions couvertes et découvertes. Mais le plus important est le sentiment acquis.

Schéma 24 : Arriver au bout du chemin,
illustration personnelle

3.1.   Le programme fonctionnel proposé

Le programme proposé pour la masse bâtie est basé sur un espace exceptionnel qui est le « Me Space », qui est notre propre concept où nous souhaitons que l'usager puisse s'approprier l'espace avec sa propre manière dans le but d'avoir son bien-être à l'intérieur comme à l'extérieur.

Le parti majeur de notre travail est la relation établie avec l'espace, donc l'espace n'a pas de sens sans l'existence des personnes et sans l'acte de l'appropriation pour avoir enfin le bien-être.

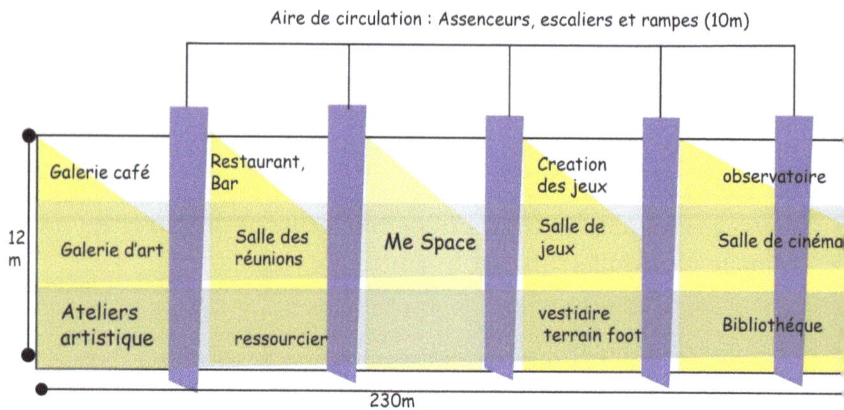

Schéma 25 : Les fonctions réparties de la masse bâtie,
illustration personnelle

Paysage conçu

Notre parcelle finale contient d'autres espaces avec la masse bâtie qui sont des espaces extérieurs de différentes fonctionnalités :

Zone verte aménagée : avec des mobiliers urbains et des restaurants mobiles avec de l'espace pour jardiner (potager).

Piste de skateboard développée : contient plus de formes et de virages.

<u>Piste de sport en plein air</u> : que nous proposons pour pratiquer le sport à l'extérieur, et plus profiter de l'air frais.

<u>Une rue ombragée</u> : dans le principe de la continuité, nous proposons d'avoir une rue ombragée par les arbres des deux cotés au sein de notre terrain qui est la suite de la rue des arbres existants.

<u>Rue à mobilité douce</u> : en minimisant la présence des voitures, nous avons pensé à une piste dédiée à la mobilité douce (tout ce qui est vélo skateboard...).

<u>Aire de stationnement</u> : puisque c'est un site très fréquenté, nous avons suggéré une autre aire de parking plus accessible et fonctionnelle.

<u>Gradin public</u> : nous concevons un gradin sous l'arbre centenaire près du terrain de basket pour les spectateurs des matchs.

Espace inchangé

Parce qu'ils ont marqué La Marsa plage, nous avons gardé la **piscine publique** puisqu'elle est un point repère dans le site, vu son impact sur la mémoire collective des résidents de La Marsa.

Le terrain de basket restera dans le site d'aboutissement. Puisqu'il est toujours occupé par les joueurs de foot, nous avons gardé **le terrain de football** pour eux mais sans clôture, ce qui le rend plus accessible.

Les matériaux et la lumière utilisés

<u>Les matériaux pour la construction et l'aménagement extérieur</u> : pour la structure de notre nouvelle

construction, nous avons opté pour le **béton** à l'état brut pour les portique, les planchers et le marquage de sol pour l'espace extérieur (zone verte).
La façade de la nouvelle construction est composée du **verre** et de **l'acier oxydé, le chorten.** Ces deux matériaux sont utilisés à l'extérieur pour le garde-corps et les ascenseurs publics.

Pour l'aménagement intérieur, le **bois** est la matière de base pour le traitement de sol, des parois mobiles et du mobilier intérieur et urbain et les petites structures.

<u>**La lumière, l'éclairage :**</u> pour l'éclairage de l'espace extérieur, nous avons utilisé la lumière froide en LED et des technologies économiques, et ça va être sous forme de lampadaires pour les mobiliers urbains lumineux et de différentes couleurs pour traiter les espaces suivant leurs fonctions.

Conclusion générale

Au terme de ce mémoire, nous avons essayé de mettre en exergue l'importance d'aborder le bien-être dans l'espace urbain/public.

Notre problématique a mis l'accent sur deux questions nécessaires : la première est l'importance du bien-être dans l'espace urbain à travers son appropriation de différentes manières, et qui traite dans la deuxième question le site d'intervention qui est le périmètre pour étudier les pratiques urbaines des citoyens de différents profils et les questionner à propos de leur bien-être s'ils arrivent à s'approprier l'espace public de La Marsa plage.

Il a fallu dans un premier temps définir les notions de base, leurs composantes, facteurs, vecteurs et dimensions afin de connaître la nature des relations entre eux pour fonder un socle rigide comme un premier pas.

Notre deuxième pas est l'analyse du site d'intervention, avant tout une analyse objective des données, pour passer ensuite à la partie sensible par le biais des parcours commentés avec différents profils de citoyens, entre passagers et résidents ; cette partie est accomplie par un questionnaire qui pose des interrogations bien ciblées dans le but de diversifier les réponses aux questionnements. Ce pas a ajouté une couche importante pour notre processus du travail.

Notre travail référentiel a une valeur ajoutée sur la réflexion et la conception de notre projet, les références sont diverses, entre livres, articles, projets et architectes pour dire une pensée un style et méthodologie.

Ces trois pas nous ont conduits vers le pas du projet par ses deux volets urbains, dont les interventions sur l'existant pour donner de la qualité spatiale urbaine.

Ce parcours meublé par les points d'interventions et accompagné par une brochure des activités urbaines et des évènements de la ville nous mène vers un terrain d'aboutissement qui dévoile d'autres espaces et fonctionnalités commençant par le complexe Me Space qui faisait partie d'un ensemble d'espaces. Ce tout conçu est essentiellement dédié au public, d'où l'absence de clôtures.

Tout le contenu que nous avons conçu est juste une réponse à notre questionnement de base : comment instaurer le bien-être dans l'espace public à travers son appropriation, et si nous parvenons à mettre en évidence ce concept dans La Marsa plage pour qu'elle soit un exemple à suivre par les autres villes, en conséquence, nous valorisons les besoins moraux et sociaux des citoyens dans nos villes, c'est aussi la conception à l'échelle humaine qui n'adresse pas que les hauteurs et les tailles, mais c'est plutôt une relecture et prise en considération des émotions et des sentiments des usagers d'espace.

Comme concepteur, il est nécessaire de se projeter dans l'espace conçu, de devenir son premier utilisateur et se demander : « Est-ce que je sens bien ? Est-ce que j'appartiens à cet espace, est-ce qu'il peut être propre à moi ? ... » C'est le premier pas vers une conception d'un espace convivial appropriable par toutes les catégories sociales et une révélation du rôle de l'espace public pour reconstruire un lien fort avec ses utilisateurs pour qu'ils puissent le considérer comme une extension de leurs maisons, et dans ce cas, nous pouvons dire que l'espace public devient appropriable et il garantit le bien-être des citoyens.

Questionnaire

le bien être dans l'espace urbain

Questionnaire

1. Genre *

Plusieurs réponses possibles.

- [ ] homme
- [ ] femme

2. Age *

Une seule réponse possible.

- ( ) jeune
- ( ) adulte
- ( ) âgé
- ( ) Autre :

3. Niveau d'instruction *

Une seule réponse possible.

- ( ) analphabète
- ( ) primaire
- ( ) secondaire
- ( ) supérieur
- ( ) Autre :

4. Statut(dans la marsa plage) *

Une seule réponse possible.

- ◯ résident
- ◯ usager
- ◯ passager
- ◯ Autre : _______________________

5. Quels sont les problèmes de ville qui influencent votre bien être ? *

Une seule réponse possible.

- ◯ le bruit
- ◯ l'embouteillage
- ◯ la pollution
- ◯ manque de végétation
- ◯ le rythme
- ◯ Autre : _______________________

6. Quels sont les aspects qui manquent dans la ville ? *

Une seule réponse possible.

- ◯ le calme
- ◯ la lumière
- ◯ la qualité d'air
- ◯ la sécurité
- ◯ la végétation
- ◯ Autre : _______________________

. Dans quel espace vous sentez votre bien être? *

Une seule réponse possible.

( ) espace public

( ) coin isolé

( ) espace naturel

( ) Autre : _______________________

. Comment vous pouvez approprier l'espace afin d'avoir votre bien être *

Une seule réponse possible.

( ) se promener

( ) s'asseoir

( ) activité sportive

( ) activité artistique

( ) Autre : _______________________

. Ou vous sentez le bien être dans la Marsa plage ? *

Une seule réponse possible.

( ) rues ombragés

( ) prés de la mer

( ) la corniche

( ) place safsaf

( ) la rue des cafés et restaurants

( ) Autre :

10. Quels sont les points forts de la Marsa plage? *

Une seule réponse possible.

- ◯ la végétation
- ◯ la mer
- ◯ les équipements
- ◯ les activités
- ◯ l'histoire du lieu
- ◯ Autre : __________________

homme | femme
Jeune | Adulte | Age
Analphabete | Primaire | Secondaire | Superieur
Paysage | Usager | Resident

Quels sort les problèmes de ville qui influencent votre bien être ?
Quels sont les aspects qui manquent dans la ville ?
Dans quel espace vous sentez votre bien être?

Bruit | L'embouteillage | la pollution | La manque de végétation | Le rythme | L'ordre
Le calme | La lumiere | La qualité d'air | La securité | La végétation | Le bruit | L'u
Espace public | Coin sole | Espace naturel | salon de thé

Comment vous pouvez approprier l'espace afin d'avoir votre bien être?
Ou vous sentez le bien être dans la Marsa plage ?
Quels sont les points forts de la Marsa plage?

Le promenade | L'histoir | Activité sportive | Activité artistique
Rue ombrage | Pres de la mer | La corniche | Place Safsaf | La rue des cafés et des restaurants
La végétation | La mer | Les equipements | Les activités | L'histoire du lieu

Bibliographie

IAU. (2019). CARNET D'INSPIRATION. Paris, 15, rue Falguière 75740 Paris cedex 15, île-de-France.

(TLFi), L. T. (2005). *cnrtl.fr portail*. Récupéré sur CNRTL : https://www.cnrtl.fr/portail/

(TLFi), L. T. (2005). *cnrtl.fr/etymologie*. Récupéré sur CNRTL : https://www.cnrtl.fr/etymologie/

AIA, F. (2016). *BIEN VIVRE LA VILLE*. Paris : Archibooks + Sautereau Éditeur.

Augé, M. (1992). *Non-lieux*. Paris, France : La librairie du XXe siècle seuil.

Bouchrara, T. z. (1994). *La ville mémoire contribution à une sociologie du vécu*. Paris : édition Méridiens Klincksiek.

Boyer, J. (2010/2011, janvier/juin). Sur l'appropriation de l'espace Etudes et réflexions spécifiques sur le quartier Sainte-Blandine/Confluence. Lyon, AGENCE D'URBANISME POUR LE DEVELOPPEMENT DE L'AGGLOMERATION LYONNAISE, La france.

Calvino, I. (1972). *Les villes invisibles*. Palomar : Einaudi, Turin.

Goethe, J. W. (1810). *traité des couleurs*. Frankfort : John Murray.

Luchinger, A. (1981). *Structuralisme en architecture et urbanisme*. Stuttgart : CIP-Kurztitelaufnahme der Deutschen Bibliothek.

Memmi, A. (1988). *La statue de sel*. France : Folio.

microarchitecture, d. (2020, mars 16). *L'OBS La conjugaison*. Récupéré sur L'OBS : https://www.nouvelobs.com/

OMS. (2010, fevrier 1). *bioenergetique*. Récupéré sur Santé, Abondance et Réalisation de Soi :

http://www.bioenergetique.com/definition-de-la-sante-oms/

Recherches internationales. (1960). *l'homme et la ville*. Paris : Les editions de la nouvelle critique.

Thibaud, J.-P. (2001). *les parcours commentésIn L'espace urbain en méthodes*. Marseille, La France : Editions Parenthèses, Marseille.

À PROPOS

Je me présente : Sondes Ben Abdallah, d'origine tunisienne. Ayant vécu en Tunisie, j'ai eu l'idée d'écrire ce livre.

En effet, j'ai eu la chance et la motivation de faire des études d'architecture. 6 ans d'études d'architecture à mon actif, diplômé d'un niveau bac+6. J'ai aussi suivi des formations annexes liées à l'architecture. Ces formations traitent de l'infographie, matériaux, micro architecture et sociologie. La vraie question est : pourquoi ai-je écrit ce livre ? Pour traiter le problème du bien-être et de l'appropriation de l'espace urbain, à travers l'architecture et l'urbanisme des villes. Vous avez la chance d'avoir lu ce livre, et je vous en remercie ; à travers ce bout d'histoire et de culture, je vous fais voyager au sein d'un univers fantastique. Ayant toujours eu l'envie de lire les livres, j'ai pu à mon tour écrire le mien, pour vous faire partager mon savoir. C'est pour vous dire que ce livre n'est que le début de l'aventure ; avec le temps viendront les prochains. Les formations en entreprenariat m'ont permis d'être autonome, et efficace. D'où l'expression : à être djerbien, il faut impérativement être autonome. Travaillant dans l'architecture, au sein d'un cabinet à la Marsa, je vais, je l'espère, changer la vie des Tunisiens. Et leur permettre un meilleur niveau de vie, avec un confort plus important. Et bien entendu, un bien être appropriable.

Mon rêve étant d'avoir une maison rustique ou moderne, je l'espère, viendra le jour où je pourrai moi-même effectuer les plans, et les réaliser. Je vous souhaite à tous une excellente et une merveilleuse journée, dans la joie et la bonne humeur.

Les Pros de l'Immo

Dirigée par Fares Zlitni, un jeune expert de l'immobilier, la collection Les Pros de l'Immo fait découvrir à ses lecteurs les meilleures astuces du marché immobilier, ses évolutions présentes et à venir, mais aussi tout ce qui concerne l'habitat, l'urbanisme, qui composent notre environnement, notre bien-être et notre cadre de vie depuis que l'Homme existe.

Découvrez les autres collections de JDH Éditions

Magnitudes

Drôles de pages

Uppercut

Nouvelles pages

Versus

Les Collectifs de JDH Éditions

Case Blanche

Hippocrate & Co

My Feel Good

F-Files

Black Files

Quadrato

Baraka

Sporting Club

Les Pros de l'Éco

Tierra Latina

Toque et Plume

Suivez **JDH Éditions** sur les réseaux sociaux
pour en savoir plus sur les auteurs,
les nouveautés, les projets…

Inscrivez-vous à notre Newsletter sur
www.jdheditions.fr
Pour recevoir l'actualité de nos nouvelles
parutions